VARIÉTÉS HISTORIQUES, LITTÉRAIRES ET GALANTES.

AVIS DU LIBRAIRE.

CE DICTIONNAIRE fait partie d'un Manuscrit, contenant, suivant le Titre, des Variétés historiques, littéraires & galantes, qui paroîtront dans quelques mois; j'ai cru que le Dictionnaire demandoit d'être publié particuliérement.

DICTIONNAIRE

DES

MŒURS.

A LA HAYE;

Et se trouve à PARIS,

Chez MONORY, Libraire de S. A. S. Monseigneur le Prince DE CONDÉ, rue & vis-à-vis de la Comédie Françaife.

M. DCC. LXXIII.

AVANT-PROPOS.

UN Dictionnaire, & de la morale! Voilà un radotage ſans exemple, ou une audace ſans excuſe. Je ſuis convaincu que le bon goût dépoſe contre moi; mais ce goût ſi bon, que je trouve ſi mauvais, eſt préciſément un des ridicules que j'ai le plus attaqués dans mon livre: devois-je le regarder comme une autorité, quand je le mépriſois comme une impertinence?

Je n'ai pas employé tous les mots qui appartiennent aux mœurs. Pluſieurs ne diſent plus que la même choſe quand tout eſt corrompu; & beaucoup d'autres alors ne fourniſſent plus rien d'utile.

AVANT-PROPOS.

Quand on a fait un livre dans lequel on eſt par-tout tranchant, on ne s'attend à aucune grace, & l'on n'en demande point. Le projet de l'ouvrage étoit peut-être bon; & l'exécution en eſt défectueuſe? Je l'ignore; je m'adreſſe au public pour le ſavoir. Son jugement ne vaudra peut-être pas mieux que mon travail.

LIVRES nouveaux qui se trouvent chez MONORY, *Libraire de S. A. S. Monseigneur le Prince* DE CONDÉ, *rue & vis-à-vis de la Comédie Française.*

APOLOGIE des Arts, ou Lettres à M. Duclos, &c. *in-8°. de trente pages.* Prix, . . 12 sols.

Fables Allemandes & Contes Français, par *M. D****, Mousquetaire, 1772, *in-8°.* 2 Parties. Prix, 2 l. 8 s.

Histoire de la Maison de Bourbon, par *M. Désormeaux*, *in-4°.* Tome I, ornée de dix-huit vignettes & culs-de-lampe de la plus grande beauté. Prix 21 l. 12 s. br.

Le second Volume paroîtra dans le mois de Septembre prochain.

Le Petit-Rien, Almanach chantant. Prix, . . . 1 l. 4 s.

Lettres d'un Solitaire de Chalcide à une Dame Romaine, *in-8°.* Prix, ... 1 l. 4 s.

Histoire abrégée des Philosophes & des Femmes célèbres, par *M. de Bury*, 2 vol. *in-12.* Prix, 5 l.

Histoire Générale d'Italie, depuis la décadence de l'Empire Romain, jusqu'au mariage du Roi des deux Siciles, en 1768, par M. Targe. Les deux premiers Volumes *sous Presse*, & paroîtront dans trois mois.

Description géographique de l'Univers, traduite de l'Anglais de Salmon, sur la quinzieme édition, & ornée de trente Cartes géographiques, 2 volumes *in-8°. sous Presse.*

On trouve chez le même Libraire, toutes sortes de Livres tant anciens que nouveaux, de France & de Pays étrangers. Il achete & arrange les Bibliotheques, en fait la Prisée & le Catalogue; le tout au plus juste prix.

DICTIONNAIRE

DES MŒURS.

A

ABANDON = C'eſt l'état le plus triſte, quand on peut l'attribuer à ſes malheurs ; & le plus affreux, quand on doit l'imputer à ſes fautes.

ABBÉ = Il y en a de deux ſortes : les uns factices, les autres vrais. C'eſt la différence de l'original à la copie ; mais ici la copie eſt ſouvent plus eſtimée que l'original.

ABBESSE = Femme dont la retraite n'eſt point une ſolitude, & qui doit connoître le monde, pour diriger des eſprits qui l'ont quitté ſans le connoître ; & s'en font quelquefois un portrait flatteur, qui ne peut être détruit que par des vérités bien étudiées & bien senties.

ABOMINABLE = Caractere qu'on ne cache qu'au second rang, & qui réussit presque toujours au premier.

ABSENCE = Situation qui rend quelquefois à l'amour ce que l'habitude lui fait perdre.

ABSOLU = Caractere que les femmes semblent chérir dans un amant, parce qu'il fait excuser leur foiblesse.

ABSTINENCE = Est quelquefois un état de raffinement.

ABSTRAIT = Genre d'esprit qui doit être une qualité auprès de quelques femmes ; & un défaut auprès de beaucoup d'autres.

ABSURDITÉ = Elle peut être une recommandation auprès de quelques femmes. On les amuse comme original, ou on leur convient comme imbécille. = La fortune imite, souvent, par ses préférences, le sexe dont elle a les travers.

Abyme = Profondeur qui n'est qu'un terre-à-terre pour la passion.

Accoupler = Unir par l'hymen deux êtres sans amour & sans desir, qui ne se proposent que l'indépendance, ou la fortune.

Acquérir = On acquiert une maîtresse, quand on la paie. Elle reste cependant libre ; & il n'est point d'être plus éloigné de l'esclavage, que la femme qui s'est vendue.

Acquiescement = Image des engagements ordinaires. Des soins ne sont que des propositions ; on les accepte, ou on les refuse.

Adieu = Dernier mot que se disent deux amis, ou deux amants qui vont vivre éloignés l'un de l'autre C'est souvent leur derniere imposture.

Adjoint = Terme inusité dans

la galanterie, & dont elle devroit s'enrichir.

ADONIS = Espece de sot, dont on fait souvent un amant.

ADORER = Terme d'usage. La femme qui s'y laisse surprendre avoue le besoin d'être occupée, & annonce le malheur d'être trahie.

ADVERSITÉ = État où l'on reçoit des leçons de tout le monde.

ADULTERE = Action cachée qui n'est ignorée de personne, & qui donne de la célébrité, lorsqu'elle est punie.

AFFABILITÉ = Supplément à l'esprit & au sentiment; habitude avantageuse, art cruel.

AFFECTUEUX = Homme presque toujours faux, qui veut cacher le défaut de ne point sentir, ou abuser de la sensibilité des autres.

AFFÉTERIE = Défaut qui affoiblit les graces, & double les ridicules.

AFFICHER = Crime de la fatuité, dont on ne punit que les sots.

AGACER = Jeu de la coquetterie, dont la vertu paie souvent les frais.

AGUERRIR = Expression de guerre qui s'adapte aux mœurs : elle en fait supposer la perte.

AÏEUL = Meuble de parade pour beaucoup de Gentilshommes qui surchargent la terre.

AIMER = C'est un art inspiré par la nature, & perfectionné par l'esprit. Il n'a point de regle certaine, ni de succès assuré.

AMANT = C'est un homme qui a des devoirs qu'il remplit avec plaisir, ou des plaisirs dont il n'est pas digne.

AMBITIEUX = Homme qui ne peut rien connoître de plus doux que ses succès, & de plus affreux que ses revers.

AME = Objet invisible, auquel l'imagination donne une physionomie.

Amitié = Lorſqu'elle eſt réciproque, c'eſt un échange continuel d'où l'intérêt eſt toujours banni.

Amour = C'eſt le ſentiment le plus doux ou le plus funeſte. Lorſqu'il n'eſt pas l'un ou l'autre, il perd ſon nom.

Amphibie = Monſtre que la nature commence, que le vice acheve ; & qui domine la ſociété par la mauvaiſe foi.

Anarchie = État de la ſociété en France ; principe de mille maux dont on ne voudroit pas trouver le remede.

Anatheme = Ancien abus.

Ancetres = Perſonnes mortes, que l'orgueil rappelle ſouvent du tombeau.

Anciens = Eſpece d'idoles qui doivent plus peut-être à la vanité, qu'à la reconnoiſſance ; & à la diſpute, qu'au mérite.

ANECDOTE = Histoire secrette qui sert de modele aux romans de la malignité.

ANGLETERRE = Royaume absolument soumis au point de vue.

ANNALES = Les mœurs ont leurs annales ; & le livre est fini.

ANNIVERSAIRE = Cérémonie de deuil & de vénération, où il ne manque que de la douleur & du respect.

ANOBLI = Homme qui a quitté un habit de drap, pour en prendre un de soie dont il a payé cher la façon, & qui souvent lui sied bien mal.

ANONYME = Homme qui généralement emprunte le masque de la modestie, parce qu'il n'a pas assez d'impudence, ou parce qu'il a beaucoup de vanité.

ANTAGONISTE = Ennemi rarement généreux, & plus rarement modeste.

ANTROPOPHAGE = Espece de Sauvage, introduit dans la société par l'ambition, & qui dévore souvent sous une forme agréable.

ANTICHAMBRE = Lieu où la servitude se console par l'insolence, & s'égaie par la malignité.

ANTIPATHIE = Maladie de l'ame qu'on éprouve sans douleur, & dont on ne voudroit pas guérir.

ANTIPODES = La société a ses antipodes; & ce sont les hommes qui en éprouvent quelquefois l'accueil le plus flatteur.

APATHIE = État qui plonge presque toujours dans la férocité, lorsqu'il ne conduit pas à la retraite. Il est souvent factice.

APOCRYPHE = Genre qui devient très-rare, puisque tout devient possible, & permis.

APOGÉE = Les mœurs ont leur apogée : nous y touchons.

APOLOGIE = Action de la charité qui autorise la défiance.

APOLOGUE = Tableau moral des passions ; remede trop foible pour un grand mal.

APPARAT = Le vice & la vertu ont leur Apparat. Ce qui doit rendre l'un plus odieux, & l'autre moins recommandable, produit presque toujours l'effet contraire.

APPAREILLER = Usage du monde poli à l'égard des Amants.

APPARENCE = Forme artificieuse qui réussit moins par l'invention que par la sottise.

APPLAUDIR = Art de tromper, rendu légitime par la vanité qui l'exige.

APPRÉCIER = Fonction délicate & difficile, presque toujours remplie par des frippons, & par des sots.

APPRENTISSAGE = Relativement aux mœurs, c'est le temps le

plus court de la vie ; elles se corrompent, à mesure qu'on les apprend.

APPRIVOISER = C'est généralement le talent le plus commun ; & le service le plus dangereux.

APPROFONDIR = Travail toujours pénible ; entreprise souvent funeste.

APPUI = Le meilleur auroit besoin d'être étayé lui-même, tant la foiblesse & la vicissitude mettent d'égalité entre les hommes.

ARBITRAGE = Précaution de la Justice, souvent contraire à ses vues.

ARCHIVES = Dépôt de beaucoup de chimeres respectables, & de beaucoup d'impostures utiles.

ARÉOPAGE = Lieu autrefois unique, destiné à l'assemblée des sages ; séjour multiplié par la folie, & consacré par le faux esprit.

ARGENT = Métal dont la valeur ne peut être fixée que par l'usage.

ARGUMENT = Fléau de l'eſprit, abus de la parole.

ARGUS = Eſpion de la conduite, qui contribue à l'égarement par la ſévérité.

ARISTOCRATIE = État qui, à l'égard de l'eſprit, donne ſouvent le pouvoir à des téméraires, & la réputation à des ſots.

ARITHMÉTIQUE = Science qui diſpenſe d'avoir de l'eſprit, & empêche d'avoir des ſentiments.

ARLEQUIN = Bouffon de théâtre ou de ſociété, qui dit des impertinences dont la ſympathie eſt le réſultat.

ARMES = Inſtruments des paſſions les plus cruelles, & qui ſervent quelquefois aux actions les plus nobles.

ARMOIRIES = Affiche pompeuſe d'une piece ſouvent médiocre.

ARRÉRAGES = Ceux du cœur ſont les plus mal payés.

ARRET = Chaque Tribunal rend

les ſiens ; & chaque paſſion a ſon tribunal.

ARRHES = Signe de la bonne foi ; piege de la mauvaiſe.

ARRIERE-MAIN = Reſſource quelquefois néceſſaire ; talent ſouvent mépriſable.

ARRONDIR = On arrondit ſa ſituation par de petits moyens clandeſtins qui demandent du génie & de la baſſeſſe.

ARSENAL = L'eſprit eſt celui du cœur ; le génie celui des paſſions.

ART = Invention de l'eſprit, perfectionnée par le vice.

ARTS = Invention du génie, perfectionnée par le goût.

ASPIC = Animal tantôt homme, tantôt ſerpent, dont les traits les plus mortels ſont réſervés pour la ſociété.

ASPIRANT = Homme qui confie ſon repos à la fortune, & ſa vertu à l'ambition.

ASSASSIN = Il y en a dont l'air est très-doux, & à qui on ne peut s'empêcher de se livrer soi-même.

ASSEMBLÉE = Lieu où la sincérité ne se trouve presque jamais avec l'esprit.

ASSOCIATION = Action importante que, pour l'ordinaire, on fait légérement.

ASSORTIR = On s'assortit dans le mariage par la fortune, & dans l'amitié par l'ambition. Le goût vient, s'il peut, & est toujours moins senti que la convenance.

ASSUJETTISSEMENT = Supplice adouci par la raison ; bassesse autorisée par l'usage.

ASSURANCES = Sûreté dans le commerce ; imposture dans la société.

ASTROLOGUE = La raison en a souvent les erreurs & les défauts.

ASYLE = Lieu où le vice est souvent plus en sûreté que la vertu.

ATHÉE = Espece de fou qui en impose par un faux air de raison.

ATÔME = Corpuscule du ciel, qui descend fréquemment sur la terre.

ATRABILAIRE = Homme qui doit son esprit à son humeur, & qui peut compter sur des succès.

ATROCE = Qualité d'esprit qui n'est rare que parce qu'elle naît du génie.

ATTACHEMENT = Sentiment né du desir, & affoibli par la possession.

ATTEINDRE = C'est arriver au terme des desirs par la jouissance.

ATTENDRISSEMENT = Mouvement qui livre à la foiblesse, & prépare à l'inconstance.

ATTENTE = État d'illusion, quelle que soit la réalité qui doit le suivre.

ATTERRER = État où généralement on jouit en proportion du défaut de délicatesse.

ATTESTATION = Assurance souvent accordée par la foiblesse, ou hasardée par la passion.

ATTISER = Talent de bien des gens ; plaisir de beaucoup d'autres.

ATTRAITS = Armes dangereuses pour la liberté : leur l'usage est soumis à des regles.

ATTRIBUER = Imprudence qui se renouvelle tous les jours dans la société ; & dont la méchanceté profite pour porter des coups qu'on ne peut lui reprocher.

AVARE = Homme en qui les desirs se perpétuent par la jouissance ; & le seul qui soit aussi occupé de ce qu'il possede, que de ce qu'il desire.

AUBERGE = Il y en a telle qui a coûté un million, & où un dîner qu'on croit recevoir *gratis* peut coûter davantage.

AUDACE = Qualité ordinaire des sots ; ressource nécessaire des frippons.

AUDIENCE = Forme préparatoire de Justice, qui ne peut tromper qu'une fois.

AUDITOIRE = Personnes assemblées pour écouter un discours instructif, & qui presque toujours s'attachant plus à la parole qu'à la pensée, y portent une attention étrangere à leurs besoins, & inutile à leurs maux.

AVENIR = Objet du desir chez les fous, & de la précaution chez les sages.

AVENTURE = Événement qui n'est jamais assez imprévu pour déconcerter la raison, quand on a bien défini le hasard.

AVENTURIER = Homme plus à portée de développer les ressources de son esprit, que le sage tranquille; & qui peut compter sur l'engouement s'il s'éleve au-dessus de l'opinion, comme sur les regrets s'il sait disparoître à propos.

AVEU =

AVEU = Confirmation des signes par la parole ; jouissance de l'ame par la sincérité.

AVEUGLE = Personnage qui, dans la société, fait vivre les sots, & rire les gens d'esprit.

AUGURE = Le sage y croit ; le sot s'y fie ; le fou s'y livre.

AVILI = C'est souvent l'être qui en impose le plus, & qui s'abuse le moins.

AVIS = Remedes aux maux de l'ame & de l'esprit ; ils donnent souvent des convulsions à l'amour-propre.

AVISÉ = Homme plus près de la finesse que de l'esprit ; rarement digne de confiance, & capable d'amitié.

AVISÉE = Femme qui épargne bien des maux lorsqu'elle se borne à se défendre.

AVOCAT = Homme que la raison trompe quelquefois, & que la Loi instruit ; homme qui trompe plus souvent la raison ; & dont l'art est plus funeste à la Loi que l'erreur.

Austérité = Elle est souvent le faste de la vertu, l'imposture du vice, l'artifice de l'orgueil, le voile de l'ambition.

Auteur = Médecin qui quelquefois ne croit pas à ses remedes ; Marchand qui étale ses effets sans les estimer, & en exige un grand prix sans l'attendre.

Autorité = Impôt établi sur le peuple, pour entretenir l'existence des Grands ; nourriture de l'orgueil qui reflue dans les canaux des passions, & rend très-propre à la tyrannie.

Autrui = Membre de société, avec lequel on vit dans une division intérieure, ou dans une paix intéressée.

B

BABIL = Fausse abondance, plus odieuse que la stérilité, & plus à craindre que la privation.

BADAUD = Homme un peu plus exposé que les sots, à la manœuvre des frippons.

BADINAGE = Jeu d'esprit qui ressemble à ces petites incommodités qui d'abord n'alarment point, & deviennent quelquefois des maladies sérieuses.

BAGUETTE = Sceptre auquel on n'obéit jamais mieux que lorsqu'on est plus sensible

BAISER = Imposture publique, piege commun, bassesse qui ne fait point rougir, fausse monnoie plus utile que la bonne.

BAISSER = État digne de pitié quand on fut digne d'envie; & digne de mépris quand on s'aveugle sur l'outrage du temps.

BAL = Aſſemblée où l'on imite la gaieté par des contorſions agréables.

BALANCE = Inſtrument très-favorable à l'injuſtice ; & très-commode pour la paſſion.

BALIVERNE = Le goût de bien des gens ; le talent de bien des ſots.

BALLADIN = Acteur qui n'amuſe que des gens dont le ſuffrage déshonore.

BALLOTTER = Donner de l'expérience aux dépens de l'honnêteté.

BALOURD = Homme qui donne quelquefois de l'intérêt à la ſottiſe.

BAMBOCHES = Petites figures qui ſervent de comparaiſon à de plus grandes.

BANDEAU = Invention très-commode pour ceux qui veulent ſe diſpenſer d'être juſtes.

BANNAL = Homme en qui la bonté n'eſt pas ſentiment ; & qui ne peut inſpirer de la reconnoiſſance qu'à des cœurs généreux.

BANQUE = Trafic honnête, formé des idées de l'ufure.

BANQUEROUTE = Reffource du malheur, crime de l'avidité.

BARAGOUINAGE = Art d'amufer l'efprit en imitant la bêtife.

BASSESSE = Monnoie dont les Grands veulent qu'on paie la peine qu'ils prennent de tromper.

BATARD = Homme qui fe voit hors de la fociété par les Loix; & qui y rentre par les mœurs.

BATELEUR = Homme qui imite foiblement fur le théâtre une maniere affez commune de réuffir dans le monde.

BAVARD = Inftrument qui femble rendre des fons par le feul effet du méchanifme.

BEAUTÉ = Magie de la nature dont notre fenfibilité affure l'effet, dont notre foibleffe augmente l'empire, & qui nous impofe, tour-à-tour, la peine & le plaifir.

BESOIN = État de privation & de triſteſſe, où nous obtenons ſouvent plus de la vanité que de la pitié.

BÊTISE = Maladie de l'eſprit dont on ne guérit pas, & dont on ne ſouffre point.

BIAIS = Situation combinée, où l'on n'eſt pas vu auſſi-bien que l'on voit.

BIBLIOMANIE = Paſſion dont l'effet ordinaire eſt d'égarer l'eſprit ; & qui n'attaque perſonne autant que les gens qui en ont le moins.

BIENFAICTEUR = Homme qu'on ne doit jamais chercher à définir, que lorſque les apparences ſont abſolument contre lui.

BIENFAIT = Action douteuſe qui fait plaiſir, & qui exige de la reconnoiſſance.

BIENSÉANCE = Devoir d'honnêteté qui exige des ſacrifices, & expoſe à des tourments.

BIENVEILLANCE = Rufe ordinaire des Grands, toujours nouvelle par le fuccès.

BIGARRURE = Il y a une bigarrure de mœurs; elle eft l'effet de l'inconféquence ou de l'hypocrifie. Dans le premier cas elle fe montre, & le mépris la fuit; dans le fecond, elle fe cache, & le fuccès la couronne.

BIGOT = Etre impudent, artificieux, inhumain, plus ennemi de la vertu que du vice, & qu'on hait par inftinct autant que par conviction.

BIJOUTIER = Homme qui vend des armes contre la vertu, & des ornements pour le vice.

BILE = Incommodité qui donne de l'efprit aux dépens de la fociété.

BIZARRE = Tyran qui fe fait prefque toujours obéir.

BLAME = Penchant des efprits prompts, habitude des efprits foibles, paffion des efprits méchants.

Blanc-bec = Créature de douze ans qui se dédommage par l'audace des privations de la jeunesse.

Blanchir = Couvrir avec art les défauts de la conduite, & rendre le vice rival de l'innocence.

Blaser (se) = C'est préparer une Comédie dont on jouera le plus triste rôle.

Bluette = Image de l'esprit & de l'amour.

Bon = Homme qui réfléchit peu, & agit beaucoup.

Bonheur = État d'illusion pour les uns, & d'ingratitude pour les autres.

Bonhommie = Source abondante & pure, qui grossit à mesure qu'on y puise.

Bonté = Disposition de la nature, qui a tout à craindre de la réflexion.

Bouche = Instrument délicat & difficile, dont les sots jouent avec le plus d'audace.

Bouder =

BOUDER = Artifice des femmes, qui entraîne les hommes, sans les tromper.

BOUDEUR = Homme qui gémit sans se plaindre, & qu'on ménage rarement par pitié.

BOUDOIR = Lieu consacré au plaisir, & qui cache bien des larmes.

BOUFFISSURE = Défaut de l'esprit & de la sottise.

BOUFFON = Rôle bas qui conduit souvent à la grandeur, & toujours au mépris.

BOUQUIN = Vieux livre semblable à beaucoup d'esprits.

BOURSILLER = Il y a des sociétés d'esprit où l'on boursille pour faire une réputation à des hommes médiocres.

BOUTADE = Le cœur a ses boutades. Beaucoup d'attachements en sont la preuve; beaucoup de regrets en sont la suite.

BOUTE-EN-TRAIN = Homme

communément médiocre, & toujours essentiel.

Boute-feu = Homme qui donne de la chaleur aux passions; & du mouvement à l'indifférence.

Bravade = Menace qui n'est point insultante.

Brave = Homme ferme dans la conduite; tranquille dans le combat.

Braver = C'est l'action la plus sage, ou la plus folle; & toujours la plus hardie.

Brelandier = Homme qui a renoncé à la société par un principe très-opposé à la retraite.

Brigand = Voleur dont l'espece est variée; & dont le nombre est infini.

Brocard = Monnoie de commerce dont on paie communément les ridicules.

Brochure = Marchandise qui n'abonde jamais plus que lorsque le génie est plus rare.

Bruit = Maniere d'exprimer sa colere quand on est fâché, sans courage ; ou d'expliquer sa pensée, quand on dispute sans esprit.

Brusque = Homme généralement plus vrai & plus sensible que l'homme poli.

Brusquer = Art de l'amour qu'on n'emploie presque jamais sans succès, & sans mépris.

Bureau = Lieu d'où partent des arrêts sans justice, des décisions sans connoissance, des résolutions sans humanité, des promesses sans bonne foi. Il y a des Bureaux d'esprit : la passion s'y exprime par le babil ; & la cabale par la satyre.

Burin = Instrument avec lequel on assure plus de gloire au crime qu'à la vertu.

Buste = Maniere de se montrer, inventée par la peinture, imitée par la politique.

Buvette = Lieu où quelques gens de robe vont reprendre haleine, pour prêter de nouveaux poumons à la chicane.

C

Cabaleur = Homme rarement ſincere, ſoit qu'il cherche à nuire, ſoit qu'il veuille ſervir : la vérité ne cabale point.

Cabane = Séjour de la médiocrité, dont l'éloge ſert de reproche à l'opulence, & d'éloquence à la morale.

Cabaret = Lieu où l'on prend quelqueſois des réſolutions qui ſervent de ſupplément à l'humanité.

Cabinet = Lieu où l'on n'eſt ſouvent introduit que pour être plus ſûrement immolé.

Cabriole = Maniere ingénieuſe de ſe dérober à l'importunité ; & de diſſimuler l'humiliation.

Cacochyme = Malade plus à craindre que les fous qui ne ſont pas furieux.

CALCUL = Précaution des gens qui craignent de s'exposer aux conséquences du sentiment.

CALOMNIER = Maniere d'assassiner plus sûre & plus prudente qu'aucune autre.

CAMPAGNARD = Homme englouti dans l'égoïsme.

CANAILLE = La partie du peuple la plus méprisée, & la moins malheureuse.

CANAPÉ = Espece de trône où la beauté reçoit l'hommage du vice.

CANDEUR = Qualité d'un cœur sensible & juste, dont les effets sont le revenu des frippons.

CANONICAT = Charge envers Dieu, que l'on paie avec des prieres; & qui donne le privilege de n'aimer que soi.

CAPITULER = La vertu capitule souvent, en desirant sa défaite. La coquetterie est de meilleure foi.

CAPRICE = Modification de la tyrannie, qu'on reproche à la beauté; & qui réussit à la laideur même.

CAPTIEUX = Homme dont l'art est moins puissant sur les esprits grossiers, que sur les ames délicates.

CAPUCHON = Marque respectable de la vie religieuse; signe équivoque de la sainteté de cette vie.

CAQUET = Plaisir de la médisance, qui a tout l'effet de la calomnie.

CARACTERE = Présent de la nature qu'on ne montre guere dans l'état où on l'a reçu.

CARESSE = Manière de suppléer à ce qu'on doit sentir; de répondre à ce qu'on ne croit pas; & de remercier de ce qu'on ne reçoit point.

CARROSSE = Sorte de voiture qui cause beaucoup d'embarras dans les rues, & beaucoup de désordre dans les mœurs.

CÉLEBRE = Homme ſouvent trompé par l'opinion des autres.

CÉLIBATAIRE = Homme communément éloigné de la ſociété par de mauvais principes, & rapproché du monde par de mauvaiſes mœurs.

CENSURE = Emploi de pédant, moins incompatible avec l'eſprit qu'avec le goût.

CÉRÉMONIAL = Artifice impoſant pour cacher le défaut de ſincérité dans l'accueil.

CÉRÉMONIEUX = Homme toujours occuppé des autres, & toujours payé d'ingratitude.

CHAINE = Lien inutile quand on aime, inſuffiſant quand on n'aime plus.

CHAIRE = Lieu où l'on dit quelquefois, avec peu de ſavoir, & moins de vertu, des choſes très-profondes, & très-reſpectables.

CHANCELER = Tourment que

ne connoît point la médiocrité ; incertitude réſervée aux bons eſprits.

CHANOINE = Homme qui trouve dans une indépendance réelle, le dédommagement le plus complet d'une gêne apparente.

CHANOINESSE = Fille ſéparée du monde par une barriere qu'elle a ſoin de rendre imperceptible.

CHANSONNER = Écrire gaiement l'hiſtoire des particuliers, & le ſcandale des mœurs.

CHANTERELLE = Les ſociétés ont leur chanterelle. Le ſon qu'elle rend bleſſe l'oreille de l'homme d'eſprit; & ravit celle des ſots.

CHARLATAN = Impoſteur qui s'enrichit à l'ombre du mépris.

CHARMER = Don funeſte dont on ne peut punir perſonne.

CHASTETÉ = Qualité qu'on attribue trop aiſément à la vertu, & qui devient quelquefois auſſi ridicule par ſes

ses effets, qu'elle est suspecte par ses motifs.

CHATEAU = Lieu où l'on voit la grandeur en petit, & le ridicule en grand.

CHATOUILLEUX = Homme difficile & foible, toujours prêt à dire une impertinence; & à recevoir une blessure.

CHATTEMITTE = Homme également éloigné de la sincérité & du génie.

CHAUME = Couverture des lieux où résident le travail sans mérite, & la médiocrité sans vertu.

CHICANE = Source abondante où l'on ne peut puiser avantageusement, sans un art qui n'est guere connu que des mauvais esprits du second ordre.

CHIMERE = Maladie de l'esprit, dont personne n'est moins exempt que les personnes honnêtes.

CHRONIQUE = Si elle disoit tout, il ne resteroit de la tranquillité qu'aux ſots, & de l'eſpoir qu'aux ſcélérats.

CHUCHOTERIE = Habitude un peu plus impertinente que le bavardage.

CHUTE = Accident qui met un homme à ſa place, ou donne du reſſort à ſon génie.

CHYMISTE = Tous les ordres de l'État ont les leurs. Ce ſont les hommes du monde qui ſe trompent le moins, & qui trompent le mieux.

CICATRICE = Il en eſt de ſi honorables & de ſi inſtructives, qu'on doit ſouhaiter que l'amour-propre aît la foibleſſe de les montrer.

CIME = Celle des grandeurs eſt le point le moins éloigné de la terre.

CIMENTER = Art des génies du premier ordre, quelque emploi qu'ils faſſent de leur talent.

CIRCONSPECTION = Qualité des eſprits du ſecond rang, auſſi voiſine du vice que de la vertu.

CIRCONSTANCE = Moment qui

exige ſouvent l'oubli des regles, le mépris des dangers; & où le meilleur conſeil eſt quelquefois celui de la paſſion.

CIVILISÉ = Un peuple civiliſé eſt un peuple ſoumis & corrompu; avant cette époque, il étoit libre & barbare.

CLABAUDEUR = Homme qui n'eſt pas toujours aſſez ſot pour eſtimer les échos qui le répetent.

COURTISAN = Homme que l'opinion placera toujours au dernier rang, s'il ne s'éleve pas au premier.

COUVENT = Enceinte qui s'agrandit par la tyrannie, & où la haine eſt auſſi douce que le plaiſir.

CRÉDULE = Homme qui dépend de quiconque n'a pas pitié d'un être ſans défenſe.

CRITIQUE = Elle eſt, en général, l'abus du jugement, le plaiſir de la malignité, le prétexte de l'envie, l'eſprit des mots, le fléau du génie. Elle peut inſtruire, & bleſſer: lorſqu'elle produit ces deux effets par la maniere, l'un ne balance point l'autre; il reste une offense à punir.

CRUAUTÉ = Celle de quelques femmes est un bienfait; celle de beaucoup d'autres est un caprice.

CUPIDITÉ = Desir sans discernement, qui conduit à une jouissance sans goût. Le goût dans la jouissance n'est jamais que l'effet d'un choix réfléchi.

CURÉ = Pasteur souvent aussi borné que son troupeau.

CYNIQUE = Homme qui ne differe des tyrans que par les bornes de son pouvoir, & la futilité de ses motifs.

D

DÉBUSQUER = Triomphe plein de violence, qui exige, en général, beaucoup de modération.

DÉBUT = Moment où l'audace est souvent plus utile que le mérite; mais qui exige alors beaucoup d'adresse; &

ne peut être ſuivi de trop de modeſtie.

DÉCENCE = Devoir plus indiſpenſable que la vertu; voile mieux tiſſu que l'hypocriſie.

DÉCIDER = C'eſt l'habitude de l'ignorance, le plaiſir du goût, le devoir de l'eſprit, le droit du génie, le bienſait de l'expérience.

DÉCIDÉ = Homme qui joue toujours gros jeu; mais qui a de quoi perdre.

DÉCISIF = Moment important dont l'appréciation appartient autant à l'honneur qu'à l'eſprit.

DÉCONCERTER = C'eſt quelquefois un art bien profond, un triomphe bien doux, un parti bien néceſſaire.

DÉCONSEILLER = C'eſt un devoir de l'amitié, & un talent de l'eſprit. Il exige beaucoup d'adreſſe, & ſouvent beaucoup de générosité, car il expoſe aux arguments de la paſſion, & à la révolte de l'orgueil.

DÉDOMMAGEMENT = Il en est peu pour l'homme sensible ; & beaucoup moins pour l'homme délicat.

DÉFAUT = Imperfection dont l'effet naturel est de déplaire ; & qui devient quelquefois un moyen d'intéresser, ou d'obtenir, du moins, des marques d'intérêt.

DÉFIANCE = Qualité plus sûre que l'expérience, moins certaine que la pénétration, aussi favorable à la fortune, que contraire au sentiment.

DÉFIANT = Homme qu'il seroit permis de tromper, si la Loi naturelle pouvoit avoir lieu ; & qu'il est doux de confondre par un procédé généreux.

DÉFIGURER = Plaisir des esprits jaloux. Degré d'intérêt qu'on ajoute au mérite, lorsque le temps l'a rétabli dans l'opinion publique.

DÉFINIR = Don particulier de l'esprit, qui exige plus de goût & de sentiment que d'imagination. Il est généralement plus nuisible que favorable.

DÉFROQUÉ = Animal communément féroce qui sort de son repaire pour fondre sur la société.

DÉGÉNÉRER = L'esprit dégénere dans la retraite, la vertu dans le monde, le cœur dans la mauvaise compagnie, le goût dans la Province.

DÉGOURDIR = Substituer la finesse à la simplicité; &, pour l'ordinaire, éclairer l'esprit aux dépens du cœur.

DÉGOUT = Lorsqu'il naît de l'imperfection d'un objet, il n'est d'aucune conséquence pour le bonheur; souvent il le prépare en disposant à un bon choix. Lorsqu'il est général, on ne sent plus que le plaisir d'être injuste; & ce plaisir même n'est qu'un faux éclair qui replonge dans le cahos.

DÉGUISEMENT = Art de l'esprit, quelquefois inspiré par la prudence s'il naît de l'intérêt & du penchant, il eſt abſolument contraire à la probité ; & néceſſairement il altere le bonheur de ſentir.

DÉLATEUR = Homme cruel & lâche, pour qui rien n'eſt plus affreux que le ſpectacle de la vertu ; & qui ne peut trouver que dans la calomnie, un charme égal à celui de la trahiſon.

DÉLICAT = Homme toujours exposé à l'amertume des plaintes ; & qui peut avoir de bons procédés ſans avoir un bon cœur ; ou devenir coupable des plus mauvais, avec une ame ſenſible.

DÉPART = Moment qui remet à leur place la plupart des perſonnes qu'il ſépare ; & leur rend le plaiſir de médire, que l'honnêteté ou la crainte avoit ſuſpendu pendant le ſéjour.

DÉPEINDRE = Plaiſir de la médiſance, qui preſque toujours ſert de prétexte à la malignité, & de ſupplément à la calomnie.

DÉPENDANCE = État où l'on n'échappe à l'avilissement que par la fierté ; & où l'on risque le fruit du plus grand sacrifice, toutes les fois qu'on est contraint d'en paroître digne.

DÉSAVOUER = On désavoue souvent par la conduite l'objet qu'on paroît honorer par le propos. C'est un art de nécessité, ou un vice de caractere ; dans le premier cas, la fausseté est rachetée par la situation ; dans le second, elle double par le motif.

DÉSHABITUER = C'est rendre un service dont il faut attendre peu de reconnoissance. Il n'y a que les passions qui soient reconnoissantes ; & un homme déshabitué tombe dans la langueur.

DÉSHÉRITER = C'est l'action la plus sage qu'on puisse faire, ou la plus cruelle. Rarement est-elle l'ouvrage de la simple réflexion.

DÉSHONORER = Espece de forfait, de vengeance, ou de punition qui a le caractere de l'infamie & de la lâcheté, si l'on se cache à l'objet qu'on immole, sans une nécessité absolue.

DESPOTISME = Usurpation quelquefois très-légitime. Le pouvoir absolu d'une ame honnête & d'un esprit charmant, est un droit par le mérite, & un bienfait par l'usage.

DESTINÉE = Le parti de croire que chacun a la sienne, est une précaution sage contre le ressentiment des injustices, & le désespoir des malheurs; mais ce préjugé borne les ressources du génie, & l'exercice des vertus.

DETTE = Il en est de bien des sortes. L'homme froid croit trop aisément qu'on peut acquitter celles du cœur; l'homme délicat tombe dans le défaut contraire.

DÉVOILER = Art de l'esprit que l'expérience favorise, & auquel le sentiment nuit; il nuit lui-même au sentiment: il est difficile d'étudier les défauts, & de conserver les sentiments.

Devoir = Tribut imposé par la nature, par la loi, ou par l'usage. Les plus pénibles sont ceux qu'une ame noble aime le mieux à remplir ; les mieux remplis n'honorent jamais beaucoup un homme qui pense peu.

Dévotion = État très-noble & très-doux. Il procure la véritable indépendance ; & il assure les plaisirs les mieux sentis. La durée est sa perfection.

Disgrace = État où l'on ne doit jamais se laisser voir qu'en profil.

Dispute = Il n'y a que le motif qui puisse l'ennoblir, & que la conduite qui puisse l'excuser.

Disputeur = Homme dont la bonne foi est nécessairement suspecte ; & qui s'expose, à chaque instant, à en manquer. Esprit difficile & faux qui se plaît dans l'erreur, & s'anime dans le combat.

DISSIMULATION = Art qui ne peut devenir une habitude sans rétrécir l'esprit, & sans endurcir le cœur.

DISSIPATEUR = Homme dont les goûts ont plus d'empire que d'attraits ; que l'ennui persécute, que l'inconstance abuse, dont les plaisirs sont des besoins, les ressources des malheurs ; & qui, en prévoyant son avenir, ne peut échapper à sa destinée par la raison, parce que tous les ressorts sont relâchés.

DISSOLUTION = État de débauche qui forme, pour ainsi dire, un tableau de bêtise. Rien ne ressemble plus à l'ineptie que l'oubli des principes, joint à l'épuisement des plaisirs.

DIVORCE = Séparation qui doit être un besoin prouvé ; ou qui n'est qu'un scandale permis.

DOCTEUR = Homme qui est parmi les personnes d'esprit, ce que les mulets sont parmi les chevaux.

DROIT = Source d'orgueil & de contestation, qui conduit à la tyrannie par l'amour-propre, & à l'usurpation par l'avidité.

DROITURE = Qualité qui peut subsister dans l'esprit, avec la finesse ; mais qui en est séparée dans la conduite.

E

ÉBAUCHÉ = Combien d'hommes ne sont qu'ébauchés ; & auroient été des monstres, si leur éducation avoit été plus finie !

ÉBLOUIR = Art plus facile à exercer avec les personnes sensibles qu'avec les sots. Le sentiment estime trop ; la bêtise n'estime pas assez.

ÉBRANLEMENT = Souvent il donne de nouvelles forces, empruntées de l'amour-propre. Quelquefois on feint d'être ébranlé, la victoire alors en devient plus certaine.

ÉCART = Il fait toujours supposer de l'esprit ; & ce préjugé l'empêche de nuire absolument à la réputation.

ÉCERVELÉ = Homme que le sentiment plaint ; que la bonté épargne ; & que la raison la plus sévere ne peut placer qu'au rang des fous.

ÉCHAFAUD = Théâtre des seules Tragédies où l'homme soit représenté au naturel.

ÉCHAUFFER = Il est des ames froides qui semblent vouloir faire la critique du sentiment par leur procédé continuel ; elles en font ensuite mieux l'éloge qu'aucune autre, quand elles ont senti la chaleur bienfaisante qui fond les glaces de l'indifférence : mais il faut un foyer bien ardent pour les échauffer.

ÉCHOUER = C'est un événement qui intéresse la réputation encore plus que la fortune ; & le seul peut-être où l'orgueil prouve l'esprit. La fierté qu'il inspire est favorable à l'ordre, en ce qu'il prévient les outrages auxquels le malheur & la foibleſſe doivent toujours s'attendre.

ÉCLABOUSSURE = Elle ne peut tacher que l'habit d'un galant homme, lorſqu'elle vient de la voiture d'un fat.

ÉCLAIRER = C'eſt le meilleur, ou le plus mauvais ſervice que l'on puiſſe rendre à un homme ſenſible & conſéquent. La raiſon n'a pas de plus ſage parti à prendre ; & la méchanceté de plus terrible reſſource à employer.

ÉCLAT = Les occaſions ſeules peuvent le juſtifier. Sans leur autorité, comme ſplendeur il eſt orgueil ; comme bruit, il devient ſcandale.

ÉCLIPSER = C'eſt un avantage momentané qui ne peut attirer que la conſidération des ſots, s'il naît de l'art ; & qui expoſe alors à toute la ſupériorité de l'homme d'eſprit. Un homme prudent ne cherche jamais à éclipſer perſonne, parce qu'il ſait que dans ce genre de combat la victoire eſt souvent plus à craindre que la défaite.

ÉCOLE = Il en est pour tous les âges. La raison a le droit d'instruire dans tous les temps : mais l'erreur & la passion prennent souvent le masque de la raison ; & à cet égard les besoins de l'homme se perpétuent par les secours, parce que ses dangers augmentent par la confiance.

ÉDUCATION = Premier besoin de l'homme, & qui l'expose à recevoir des secours plus dangereux que la privation. Il vaut mieux être sans principes, que d'en avoir de mauvais : le faux esprit est plus à craindre que le mauvais naturel.

EFFAROUCHER = Abus de la vertu, mal-adresse de la raison. On écarte à jamais de la bonne route un objet que ses propres réflexions y auroient peut-être conduit. Il ne manque à la sévérité que l'indifférence des peines qu'elle cause, pour caractériser un être barbare.

EFFÉMINÉ =

EFFÉMINÉ = Rebut de la nature, lorſqu'il eſt connu ; fléau de la beauté, lorſqu'il prend ſes prétentions pour des deſirs.

ÉGALITÉ = Celle des plaiſirs ſupplée à celle des conditions.

ÉGAREMENT = Celui du cœur fait ſuppoſer une trempe d'eſprit vicieuſe ; & celui de l'eſprit eſt fort ſouvent racheté par un bon cœur.

ÉLÉGANCE = Celle du diſcours eſt toujours plus honorable que celle des manieres ; elle eſt malheureuſement moins néceſſaire dans le monde.

ÉLÉVATION = Honneur qu'on fait plus ſouvent au vice qu'à la vertu : quelquefois la négligence ou la fierté de l'une, y contribue autant que l'artifice de l'autre ; le ſcandale n'en exiſte pas moins.

ÉLOGE = Celui des perſonnes injuſtement ſoupçonnées eſt plus intéreſſant, & que celui des perſonnes néceſſairement reſpectables.

ÉLOQUENCE = Lorſque c'eſt un art d'habitude, il n'en impoſe guere au ſentiment ; & il fait ſoupçonner de peu de ſenſibilité.

ÉMOUVOIR = Faire naître une foibleſſe momentanée, à laquelle ſuccede ſouvent une dureté raiſonnable.

EMPIÉTER = Talent que la probité ne connoît point ; & qui vient de l'audace plus que de l'eſprit.

EMPIRE = Avantage dont il eſt rare que l'on n'abuſe point, & dont on devroit être extérieurement moins jaloux ; car dès qu'un objet eſt ſubjugué, on devient, aux yeux de la multitude, reſponſable de ſes fautes, & comptable de ſes peines.

EMPLOI = Les Charges s'achetent par de l'argent ; les emplois par des vices.

EMPLOYÉ = Homme généralement occupé à racheter la baſſeſſe par l'inſolence.

EMPRESSEMENT = Il faut être généralement bien sûr de sa vertu, pour souffrir d'en être l'objet.

ENCENS = Tribut qu'on ne doit qu'à la vertu, & qu'elle se voit souvent contrainte de payer au vice.

ENDURCI = Homme qui donne un triste spectacle, & une bonne leçon.

ENDURER = Homme qui sacrifie la vanité à la raison, ou la sensibilité à la vertu.

ENGAGEMENT = État qui exige souvent des qualités d'autant plus pénibles & respectables, qu'elles fatiguent la nature sans faire espérer le bonheur.

ENNEMI = Homme plus respectable que le sage paisible, lorsqu'il a des procédés généreux qu'on peut attribuer à des principes.

ENNOBLI = Homme placé entre le ridicule & l'impertinence; & qui prouve des qualités supérieures, s'il échappe à l'un & à l'autre.

ENNUI = État qui rend le galant homme intéressant ; & l'homme de plaisir odieux. Maladie de l'ame qui exige plus de force que le malheur.

ENORGUEILLIR (s') = Rendre visible au public, la médiocrité d'esprit, ou la petitesse d'ame, qu'une circonstance pouvoit cacher.

ENRICHIR (s') = Faire assez généralement le métier d'avare ou de frippon ; & quelquefois les deux ensemble.

ENTÉTEMENT = Plaisir de l'esprit dont la raison paie presque toujours les frais.

ENTHOUSIASME = État de délire où l'on est puni par les sots, du mal que l'on peut faire aux gens d'esprit.

ENVIE = Passion de l'ame qui est un diminutif du vol, & un équivalent de la haine.

ÉPANCHEMENT = C'est la confiance mise en action par le sentiment ;

ou la duplicité mise en évidence par la surprise.

ÉPIGRAMME = Sorte de trait avec lequel on blesse plus ou moins sensiblement, suivant le tempérament qu'on rencontre.

ÉPOUX = Homme qui a soumis solemnellement sa liberté à la loi, & son destin au caprice.

ÉQUITABLE = Homme qui donne de l'intérêt à la vérité, de l'étendue au sentiment, du ressort à la vertu, & de la noblesse à l'habitude.

ÉQUIVALENT = Il y en a peu pour l'ambition; il n'y en a point pour l'amour.

ÉQUIVOQUE = Voile qui peut être tissu avec beaucoup d'art, sans prouver beaucoup d'esprit.

ÉRIGER = Rendre la vertu tributaire de l'envie, ou le vice vainqueur de l'opinion.

ESPÉRANCE = Plaisir qui est souvent le résultat de la crédulité, & le principe de l'infortune.

ESPION = Instrument vil dont l'esprit se sert pour tromper le génie.

ESPRIT = Qualité dont on ne peut estimer la valeur que par l'usage ; propriété qui ne procure des avantages solides qu'autant qu'elle a des bornes.

ESTIME = Prix de la vertu, qui ne peut jamais être un don, parce qu'il n'est pas libre de le refuser.

ÉTIQUETTE = Tribut d'usage qui favorise bien des vices, & cache bien des tourments.

ÉTOURDI = Homme peu capable de fausseté, & peu susceptible de repentir.

ÉVALUATION = Combinaison que l'esprit fait quelquefois avec beaucoup de peine, & le sentiment avec beaucoup de facilité.

EXACTITUDE = Image de la vertu, qui n'est souvent qu'une combinaison du vice.

EXEMPLE = Source de biens peu consultée par le besoin.

EXHÉRÉDATION = Action cruelle qu'un très-petit esprit fait avec vanité, en songeant qu'il triomphe de la nature.

EXIGENCE = Principe de beaucoup d'actions honnêtes, ou honorables, faites par des gens qui n'avoient ni honnêteté, ni honneur.

EXIL = Il est aussi souvent le prix des vertus, que la punition des fautes. Il commence quelquefois l'existence d'un fat, & le néant d'un héros.

EXISTENCE = On la distingue de la vie; & ce sont les sots sans sentiment qui ont donné lieu à cette distinction.

EXPÉRIENCE = Premier Juge de nos actions; premier maître de nos esprits; école ouverte à tout le monde, où peu de gens entrent avec la capacité de s'instruire.

EXPLOIT = Action qui donne

ſouvent de l'utilité au déſeſpoir, & de la nobleſſe à la férocité.

EXPRESSION = Une ſeule peut décider du deſtin de deux perſonnes.

EXTÉRIEUR = Art dont on ne ſe déſiera jamais aſſez, quoiqu'il ne ſoit pas difficile de l'appercevoir.

EXTREME = Caractere qui ſera toujours favorable à la célébrité, parce qu'il impoſe à la multitude.

F

FACTICE = Apparence qui a ſouvent plus de ſuccès que la réalité.

FAMEUX = Homme qui paie tous les jours l'honneur de s'être élevé, par la peine de ſe ſoutenir.

FAMILIARITÉ = Douce expreſſion du ſentiment, impoſture flatteuſe de la grandeur, piege agréable de l'intérêt; privilege ſans bornes des gens qu'on voit ſans eſtime.

FAMILLE = Peuple qui n'a ſouvent d'autre liaiſon que le beſoin,

ſoin ; & d'autre chef que l'intérêt.

FANATISME = Délire de la vertu ; prétexte du crime.

FANFARON = Homme qui ſubſiſte par le mépris des gens d'eſprit, & par la crainte des eſprits foibles.

FANTÔME = Objet réel pour les imaginations tendres ; moyen puiſſant pour les eſprits trompeurs.

FARDEAU = Le plus léger & le plus lourd ſont égaux pour la paſſion.

FASTE = Maniere d'en impoſer, plus éloquente que la raiſon qui la juge, & plus ſûre que la réflexion qui s'en défie.

FASTES = Magaſin où l'humanité dépoſe ſes malheurs, pour inſtruire la raiſon aux dépens du ſentiment.

FAT = Homme qui ſubſiſte par une magie qui ne peut ceſſer d'étonner que par la perte des mœurs.

FAVEUR = On en juge le motif, on en mépriſe l'objet, on en déteſte les effets ; & l'illusion qui la suit n'en égale pas moins la bassesse qui l'environne.

FAVEURS = Les véritables sont sans motif & sans illusion. Il faut l'amour pour les mériter, & le mérite pour les obtenir.

FAUSSETÉ = Vice qui exige des sacrifices & des grimaces. La nature est sans cesse immolée au talent.

FAUX-JOUR = Moyen dont la haine & l'envie se servent avec efficacité pour dérober des actions honnêtes à l'estime, & livrer le mérite au mépris, l'innocence à la loi, la vertu à la prévention.

FAUX-PAS = Il est souvent plus dangereux qu'une chûte.

FEINTE = Art plus délié que le mensonge ; & plus varié que l'imposture.

FEMME = Etre très-composé, très-éprouvé, mal défini ; dont le regard est presque toujours faux, le coup-d'œil presque toujours sûr, & la réflexion presque toujours décisive.

FEMMELETTE = Espece de femme qui doit les égards à l'usage, & l'attention à la malignité.

FIDÉLITÉ = Qualité qui coûte autant qu'elle honore, lorsque la probité est son seul principe.

FIEF = Domaine noble où l'on trouve souvent des sentiments très-bourgeois, & des tons très-grossiers.

FIER (SE) = C'est renouveller l'épreuve de la mauvaise foi des hommes, & donner une preuve d'imprudence.

FIER = C'est un cheval qui porte la tête fort haut; & qui, communément, a les reins foibles.

FINANCIER = Homme livré au mépris par le préjugé, & dont le mérite & l'honneur sont souvent le dédommagement.

FLATTEUR = Homme dont la

baſſeſſe eſt le caractere ; & la fauſſeté le patrimoine.

Foiblesse = Elle peut ſubſiſter avec des défauts contraires au ſentiment & à la bonne foi.

Foiblir = C'eſt quelquefois imiter la raiſon ou l'humanité par une apparence d'eſprit & de ſentiment qui ne peut guere honorer.

Fortune = Elle ſupplée à beaucoup de qualités qu'elle ne vaut pas : celui qui la poſſede eſt, à cet égard, quelquefois, celui qu'elle abuſe le moins.

G

Gain = L'homme délicat ne détermine le ſien ni ſur l'opinion de ſon mérite, ni ſur l'utilité de ſes ſervices : il s'en rapporte à l'honnêteté, ſi le ſentiment eſt ſon motif ; & à l'uſage, ſi l'intérêt eſt ſon objet.

Galanterie = Elle prouve quelquefois mieux l'amour que les

ſerments ; mais elle n'en tient pas lieu.

GÉNÉROSITÉ = Qualité de l'ame qui exige l'eſprit, la réflexion, ou les ſacrifices noblement accordés, pour s'élever à la ſublimité ; elle n'eſt, ſans cela, qu'une vertu de tempérament.

GÉNIE = Préſent de la nature ſupérieur à l'eſprit, à qui il eſt plus utile que ce dernier ne lui eſt néceſſaire.

GENTILHOMME = Homme qui a des devoirs à remplir, des modeles à ſuivre ; & qui ſe diſpenſe des deux avec une audace qui tient du délire, ou avec une baſſeſſe qui excite la pitié.

GENTILHOMMIERE = Séjour où les paſſions jouiſſent de toute la liberté que donne la nature, par une heureuſe groſſiereté qui équivaut à la philoſophie.

GOUT = Le goût a commencé à corrompre les mœurs, en inventant les modes, & en perfectionnant les plaiſirs. Il n'a pas fait moins de tort à l'amour, en dispensant des sentiments, & en autorisant les faveurs.

GOUVERNEUR = Homme honoré d'un grand titre dont il est rarement digne, ou d'un emploi important dont il est rarement capable. L'abus de ses fonctions est, à-peu-près, le terme de sa capacité.

GRACE = Il n'est point rare de voir un homme accorder aisément des graces, & refuser de rendre justice; & il n'est pas moins commun de voir le vice de ce caractere échapper au jugement de la multitude.

GRACES = Il en est peu de naturelles; mais chez quelques femmes on peut les regarder comme des copies tracées par un grand maître.

GRADATION = Méthode nécessaire pour prévenir l'envie, & pour perfectionner l'amour. En arrivant par degrés au trône de la fortune & au terme des desirs, on se prépare une possession plus tranquille & une jouissance plus douce : c'est la science du cœur & de l'esprit.

H

HAINE = Moins elle est injuste, plus elle est à craindre, parce qu'alors la raison irritée conduit le mouvement de l'ame, & se charge de justifier ses excès.

HARDIESSE = Elle est commune au sage, & à l'étourdi ; au galant homme, & à l'homme sans honnêteté. C'est un de ces dons de la nature qu'on ne peut pas mettre au rang de ses bienfaits.

HARMONIE = C'est l'art des sociétés ou il y a peu d'attachement, & beaucoup de raison. Elle n'existe peut-être parfaitement qu'avec l'indifférence & la politesse.

HASARD = Principe de beaucoup d'événements qui mettent la raison en défaut, & la témérité en crédit.

HASARDER = Résolution quelquefois plus raisonnable que la crainte ; & toujours plus respectable que l'inertie.

Hauteur = Elle ne sera jamais l'image de la vraie grandeur, parce qu'elle aura toujours quelque chose de colossal qui sera contraire aux principes, & aux regles de la nature.

Hélicon = Montagne d'où sont écoulés des torrents de mots qui ont égaré l'esprit, & inondé les mœurs.

Hermitage = Lieu où la sagesse & la simplicité ne sont souvent que le conseil de l'arrogance.

Héroïsme = On peut le regarder, en général ; comme le résultat de quelques témérités heureuses, & de quelques actions cruelles. On doit cependant toujours respecter la premiere idée que présente ce mot.

Histoire = Tableau immense où tout est, presque, de grandeur extraordinaire, excepté la vertu de quelques

quelques hommes vraiment grands, qui échappent à la multitude.

HOCHET = Il en eſt pour tous les âges. Ceux des enfants ne ſont pas les plus néceſſaires.

HOMMAGE = Dette de convention dont on reçoit ſouvent le paiement avec orgueil, après l'avoir acquittée avec baſſeſſe.

HOMME = Etre que le tempérament aſſujettit ſi bien aux excès, que l'on pourroit dire qu'il s'éloigne de la nature, en s'approchant de la perfection.

HONNETE = On eſt honnête par uſage ou par intérêt. L'honnêteté des manieres n'eſt pas celle des mœurs : elle la fait ſuppoſer chez les eſprits ſimples, & elle y ſupplée chez les eſprits corrompus. Le vice a donc des juges très-commodes, & des protecteurs très-dangereux ?

HONNEUR = Devoir mal rempli

par la multitude ; passion qui touche à la chimere par l'orgueil, & qui devient sublime lorsqu'elle est modérée.

HONTE = Tribut que le vice doit à la vertu ; & qui devient plus difficile à mesure que l'esprit est plus éclairé.

HÔPITAL = Le monde est un hôpital où l'on voit toutes les maladies de l'esprit ; & où la charité est encore plus bornée que la médecine.

HOROSCOPE = Science qu'il n'est pas possible de posséder, parce qu'on ne connoît ni toutes les ressources du vice, ni tous les désavantages de la vertu.

HOSPICE = Lieu où la nature ne se montre jamais mieux que lorsque l'honnêteté disparoît.

HOSTILITÉ = Action cruelle qui perd son nom pour le donner au procédé qui la punit, si la vengeance est disproportionnée.

HUMAIN = Homme sensible, sans être foible. C'est la charité éclairée.

Humble = Homme qui généralement définit bien l'orgueil, & immole le sien à ses vues.

Humeur = Maladie de l'ame dont on n'accuse généralement que l'esprit, & pour laquelle il n'y a d'autre médecin que la bonté qui raisonne.

Humiliation = Blessure qui subsiste dans la mémoire, après le pardon; l'orgueil n'oublie point.

Humilier (s') = Action de l'ame, qui n'est sincere que lorsqu'elle est libre. Le motif en fait le caractere, & ce caractere est toujours positif. Elle est bassesse, ou grandeur.

Hypocrisie = Vice plus méprisable que le crime.

I

Ignorance = Lorsqu'elle se connoît & s'accuse, elle devient intéressante par son aveu. Elle a bien plus à craindre de la fatuité, que de l'esprit.

Ignoré = Homme placé plus

près du bonheur que l'ambitieux le plus fécond en ressources, & le plus sûr de ses moyens.

ILLUSION = Elle est à la folie ce que la nuance est à la couleur. Elle unit communément la délicatesse des idées, à la bonne foi du discours. On doit la plaindre, & non la mépriser.

ILLUSTRE = Qualité qui doit plus au mérite qu'aux circonstances, & qui est, conséquemment, plus déterminée, plus positive, plus solide & plus flatteuse que la célébrité.

IMAGINATION = Source des idées & des travaux qui font distinguer le génie, de l'esprit. On peut la comparer à un terrein qui produit sans culture, & dont les productions deviennent plus abondantes à mesure que les moissons multiplient. Quoiqu'elle ne paroisse pas devoir s'arrêter aux choses simples, elle se complaît cependant dans les détails, & c'est ce qu'elle communique plus particuliérement à l'esprit.

IMBÉCILLITÉ = État où l'on n'a plus de mal à faire, ni à éprouver.

IMITATION = Talent qui mérite l'estime, puisqu'il a sa perfection; & la reconnoissance, puisqu'il a son utilité. Quoique ce soit un art du second ordre, il ne peut être bien jugé que par le goût. Il seroit moins absurde de le confondre avec le génie, que de lui refuser une part à sa gloire.

IMMOLER = On immole un objet aimé à un objet utile. Il ne manque à ce trait de lâcheté que l'affreuse audace de paroître heureux aux yeux dont on fait couler les larmes. Quelque spécieuses que soient les maximes du monde, à cet égard, elles ne peuvent abuser qu'un cœur dur.

IMMORTALITÉ = Prix sans mesure d'un talent sans limites. Elle commence avant la mort; mais elle flatte moins qu'un regard, qu'un mot, qu'un trait de ſentiment, ſi les ouvrages qu'elle couronne dûrent leur exiſtence à la ſenſibilité.

IMPARTIALITÉ = Qualité du ſecond ordre, & du plus grand prix; ſi elle eſt une vertu, ſi elle coûte des ſacrifices à la nature, elle donne un premier rang dans la ſociété.

IMPATIENCE = Qualité qui peut ſubſiſter ſans ſentiment & ſans eſprit, & qui eſt preſque toujours attribuée à l'un ou à l'autre, tant l'apparence eſt impoſante, & la nature peu connue.

IMPATIENTER = Défaut qui produit les effets de la haine. Talent qui procure les ſuccès du génie, en uſurpant à la paſſion le ſecret qu'elle vouloit cacher.

IMPATRONISER (s') = S'emparer de la confiance avec un art qui ſupplée à toutes les qualités; & devoir à la tyrannie le prix accordé ſi rarement à l'amitié.

IMPÉNÉTRABLE = Homme dont la trempe eſt dure, dont l'ame eſt ferme, dont l'eſprit eſt profond; car il eſt preſque néceſſaire de deviner les autres, pour devenir incapable de ſe laiſſer deviner. Toutes les qualités de l'homme ſenſible ſont nuiſibles à l'impénétrabilité.

IMPÉRIEUX = Eſprit tyrannique qui impoſe des loix par tempérament; eſpece de Souverain qui n'a que des eſclaves.

IMPERTINENT = L'impertinence a pluſieurs cauſes. La plus mépriſable eſt plus innocente que l'honnêteté qui trompe, ou l'ironie qui tourmente ſous un maſque perfide. Les défauts qui ſe montrent renferment moins d'horreur que les fauſſes vertus.

IMPERTURBABLE = Caractere qui ne peut être celui du ſcélérat; la méchanceté la plus consommée ne peut pas commettre un crime sans trouble. La vertu seule, parmi les flots que l'envie, la haine, ou le délire des préjugés élevent autour d'elle, peut connoître l'excessive tranquillité ; elle est alors la perfection de la nature.

IMPÉTUEUX = Homme qui est dans un transport continuel, & qui peut inspirer la haine, la crainte, l'animosité, jamais le mépris. Celui qui ne se conduit pas par des motifs, ne peut point s'avilir par des actions.

IMPIE = Homme qui touche à la folie par les pensées, & à la férocité par la conduite.

IMPITOYABLE = Homme qui ne peut être corrigé que par une de ces ressources secretes de la nature qu'elle garde dans son sein pendant des siecles.

IMPLACABLE = Caractere d'entêtement d'autant plus redoutable, qu'il s'appuie sur les maximes de l'honneur,

neur & ſur les conſeils de la raiſon.

IMPLORER = Action qui peut ennoblir un caractere par le motif & par la maniere. Elle exige beaucoup d'art, ou beaucoup de naturel. Elle eſt preſque toujours funeſte, ſi le ſuccès ne la couronne pas; parce que le mépris eſt le partage ordinaire de ceux qui n'ont pas ſu faire naître la pitié.

IMPOLITESSE = Maniere d'être & d'agir qui tient un peu de la démence, parce qu'elle expoſe à tout de la part de ceux qu'elle choque & qu'on n'en peut recueillir qu'un plaiſir d'humeur.

IMPORTANCE = Caractere de fatuité qu'on punit plus raiſonnablement par l'ironie que par le mépris, parce qu'il tient plus du ridicule que du vice.

IMPORTUN = Homme bas s'il ſe connoît, & s'il inſiſte; homme lâche, s'il eſt humilié, & s'il s'arrête avant qu'il ait réuſſi.

IMPOSANT = Les qualités les plus contraires produisent l'effet que ce mot désigne. L'arrogance & la supériorité rendent imposant. La derniere rachete ses avantages par l'honnêteté; l'autre n'est jamais plus mal-honnête que lorsque le succès confirme les siens.

IMPOSTURE = Ce vice a des degrés. Le premier est la fausseté, le dernier est l'impudence. En y ajoutant l'habitude, & quelques circonstances, on aura peint un scélérat du premier ordre.

IMPRESSION = Elle se forme, & elle entraîne. La réflexion qui la contrarie, la rend plus puissante, après l'avoir combattue : l'homme croit jouir de sa liberté en cédant à son esclavage.

IMPUNITÉ = Elle est plus contraire aux mœurs que le vice, parce qu'elle ne peut pas enhardir l'esprit sans corrompre le cœur.

INACCESSIBLE = Caractere d'emprunt que l'amour-propre conseille à la médiocrité, & que la raison propose à la foiblesse.

INCLÉMENCE = Il y en a de plusieurs sortes : celle d'humeur, celle de préjugé, celle d'intérêt, celle de malignité, celle de devoir. La derniere appartient aux seuls Juges du crime, ou tout au plus à ses vengeurs ; les autres sont le crime des passions.

INCLINATION = Goût naissant qui ne peut encore ni alarmer la vertu, ni entraîner la foiblesse ; mais qui déjà fait soupçonner son empire, si l'on craint d'écouter la raison qui commence à se faire entendre.

INCOMPATIBILITÉ = Celle du caractere est plus à craindre, & plus impérieuse que celle des principes. Elle ne laisse que la ressource de la générosité.

INCOMPÉTENCE = Qualité plus dangereuse que l'injustice, parce qu'elle a dans la conſcience un juge moins éclairé & moins ſévere.

INCONDUITE = Elle a des ſuites plus cruelles que le vice, parce qu'elle frappe plus particuliérement les yeux de la multitude ; & qu'amenant naturellement l'épreuve des beſoins, elle multiplie bientôt les ſcenes du mépris.

INCONSTANCE = Lorſqu'elle eſt ſans ingratitude & ſans perfidie, elle ne choque point les mœurs, quoiqu'elle afflige l'humanité.

INCONTINENCE = Vice de conſtitution, qu'on n'eſt en droit de mépriſer qu'autant qu'il n'évite point le ſcandale.

INCORRUPTIBILITÉ = Perfection de l'ame, unie à celle de l'eſprit.

INCRÉDULITÉ = Défaut de l'eſprit, qui aſſure la tranquillité aux dépens de la juſtice, & dont on ne s'applaudit point ſans manquer à l'honnêteté générale.

INDÉCENCE = Si elle est momentanée, elle ne mérite que le mépris : si elle est continuelle, les loix sont intéressées à la punir. Il est temps qu'elles s'apperçoivent qu'à cet égard leur pouvoir est plus étendu que leurs fonctions.

INDÉCISION = Foiblesse d'esprit, abondance d'idées, défaut de lumieres, excès de sensibilité, défaut de délicatesse froideur de l'ame ; toutes ces causes séparées forment également l'indécision. La brusquer est une imprudence;la mépriser est une cruauté.

INDÉFINISSABLE = Expression très-ordinaire, reproche très-hasardé. Si les juges des faits sont si rares, ceux des causes & des motifs doivent-ils être plus communs ?

INDÉPENDANCE = Il ne peut y avoir que celle d'une excessive vertu, combinée avec les forces du génie & du courage.

INDICE = Signe souvent trèsſaux, qui, ne ſuffiſant point pour autoriſer les jugements de la loi, eſt encore moins ſoumis aux jugements de l'humanité, plus ſujette à l'erreur, & moins obligée à prononcer.

INDIFFÉRENCE = Elle peut exiſter par caractere, & non par principe; l'indifférent eſt donc une eſpece de monſtre, puiſqu'il n'a pas la reſſource de la volonté & de l'erreur pour motiver l'état le plus mépriſable de la vie, quoiqu'il ne ſoit pas le plus odieux & le plus contraire à l'ordre.

INDIGENCE = État qui cauſe tant d'horreur, qu'il ne peut intéreſſer véritablement que les ames les plus honnêtes, quoiqu'il obtienne fréquemment des ſecours.

INDIGNATION = Sentiment de mépris qui acquiert de la nobleſſe, lorſqu'il eſt marqué par la colere; & qui devient ſublime, lorſqu'il expoſe à des dangers qu'on dédaigne de prévenir.

INDIGNE = Homme qui diſſimule, s'il ſe connoît ; & qui s'enflamme, s'il eſt connu. C'eſt tout l'artifice de l'hypocriſie, ou toute l'audace du déſeſpoir.

INDIGNITÉ = Action ſouvent lâche, quelquefois cruelle, qui ne ravit généralement la conſidération que lorſqu'elle imprime ſur le front le caractere de la honte.

INDIRECTEMENT = Maniere de parler ou d'agir qui équivaut à la lâcheté, ou à la fourberie ; & qui a cependant quelque rapport avec la prudence, ou avec la bonté, parce qu'elle épargne à celui qui en eſt l'objet, ou un procédé plus violent, ou une offenſe plus ſenſible.

INDISCRET = Homme qui a, généralement, plus de foibleſſe que de méchanceté ; & qui fait regretter néanmoins que la nature ne l'ait pas fait naître dans cette derniere claſſe, parce que le méchant n'oſe pas toujours ſe permettre ce que l'indiſcret ne ſait pas ſe défendre.

INDISSOLUBLE = Devroit il y avoir des liens qui le fuſſent ? Répondre à cette queſtion par l'autorité, c'eſt faire trop de violence à la raiſon.

INDISTINCTEMENT = C'eſt l'abus du pouvoir, ou le comble de l'impertinence.

INDIVIDU = Objet qui mérite autant d'égards & de juſtice que l'eſpece entiere qu'il repréſente.

INDOCILITÉ = Défaut de l'eſprit, qui dépoſe contre le caractere. Il y a bien peu d'indocilité dans les ames honnêtes.

INDOLENCE = Défaut du caractere, qui dépoſe contre l'eſprit. Il ne peut guere y avoir d'indolence chez les vrais appréciateurs des talents & des vertus.

INDOMPTABLE = Caractere qui s'appuie hardiment ſur l'eſprit, ſur l'expérience,

périence, fur le reffentiment, & qui fait un outrage de plus à la raifon, en la donnant pour prétexte de fa férocité.

INDULGENCE = Vertu de caractere chez les uns, & de réflexion chez les autres. Elle eft utile & dangereufe. Malgré l'efprit & l'expérience, on ne peut guere prédire l'effet qu'elle produira: il faut donc y mettre des bornes.

INDUSTRIE = Talent fufpect à la probité, dont les motifs font la meilleure définition, & dont l'honneur feul peut fixer les regles.

INÉGALITÉ = Celle des conditions forme une chaîne que l'envie & l'ignorance ne voient qu'avec horreur. L'efprit & la raifon n'envifagent pas du même œil la reffource affurée des befoins, & l'intelligence mutuelle des paffions.

INERTIE = Incapacité d'agir, qui n'empêche pas de mal penfer.

INEXPÉRIENCE = État où l'ame jouit mieux d'elle-même, en se livrant plus librement à ses mouvements.

INFAILLIBILITÉ = Elle ne peut exister comme qualité, même aux yeux de la foi.

INFAME = Expression exagérée dont le préjugé se sert, & dont les passions abusent.

INFATUÉ = Homme qui ne manque pas d'esprit, & qui vit confondu avec les sots, sans que la malignité s'en mêle.

INFÉRIORITÉ = État où l'on est, communément, placé entre l'insolence, & la bassesse.

INFIDÉLITÉ = Celle que l'on pleure est plus sensible que celle que l'on venge. Les mœurs ont rendu la vengeance très-rare, & les larmes très-inutiles.

INGÉNUITÉ = Caractere d'esprit qui expose à toute la conséquence de l'indiscrétion.

INGÉRER (s') = C'eſt faire le métier d'importun avec audace, ou de fripon avec eſprit.

INGRATITUDE = Vice de l'ame ; communément, aſſez hardi pour s'appuyer ſur des maximes, après s'être appuyé ſur des exemples.

INIQUITÉ = Action mépriſable & cruelle qu'on ne juge pas à la rigueur, parce qu'elle eſt commune.

INJURE = Bleſſure que l'on fait à l'honneur, & qui n'eſt ſouvent vengée que par l'amour-propre.

INJUSTICE = On la pardonne moins difficilement qu'un défaut d'attention.

INNOCENCE = L'innocence ſans art peut devenir plus funeſte que la bonté ſans eſprit.

INQUIET = Eſprit non moins importun que le défiant, parce qu'il eſt auſſi difficile de le convaincre, & moins naturel de le punir.

INSENSÉ = C'eſt autant l'homme qui raiſonne mal, que l'homme qui ne raiſonne pas. Dans le premier cas, on eſt plus expoſé que dans le ſecond, parce que l'erreur invite à l'abus, & que l'imbécillité excite la pitié.

INSENSIBILITÉ = Vice d'autant plus mépriſé qu'il ne peut ſervir de regle à aucune paſſion.

INSINUANT = Homme qui triomphe ſans combattre, & qui perſuade ſans parler.

INSOCIABILITÉ = Caractere qu'on rencontre ſouvent ſous une forme agréable à la multitude. Il eſt alors le déſeſpoir de l'eſprit, & le tourment de la nature.

INSOLENT = Homme qui trouble la ſociété par le plus odieux des vices, parce que, ne méritant que le mépris, il eſt humiliant & cruel d'avoir à s'en venger.

INSTABILITÉ = Elle eſt moins

dans le caractere des choses, que dans l'inconstance des esprits; & à cet égard, comme à beaucoup d'autres, l'homme s'accuse, lorsqu'il se plaint.

INSTINCT = Guide souvent plus sûr que la raison. Dans les mœurs, où tout doit être raisonné, il seroit insuffisant, & même dangereux; mais dans le sentiment, où la réflexion est quelquefois opposée à la justice, il est généralement préférable à la raison.

INSURMONTABLE = Rien ne l'est, en général, que par la médiocrité du génie, ou la foiblesse des résolutions. L'excuse des organes est rarement sincere, & plus rarement raisonnable.

INTÉGRITÉ = Qualité qui se forme de l'amour de l'ordre, & du respect pour l'humanité. C'est une de ces vertus que l'homme grossier n'honorera jamais beaucoup : elle ne brille pas assez.

INTELLIGENCE = Celle de deux

frippons unis par l'intérêt eſt plus à craindre que la diviſion qui les ſépare. Il n'avoient qu'une paſſion étant unis ; ils en ont deux, étant diviſés.

INTEMPÉRANCE = Vice qui trompe les ſens qu'il ſatisfait, puiſqu'il leur rend néceſſaire l'excès qui les détruit.

INTENTION = Elle n'auroit eu d'autre juge que la conſcience, ſi l'honneur & le ſentiment ne s'étoient fait un Tribunal particulier où ils jugent juſqu'à la penſée.

INTERPRÉTATION = La paſſion interprête quelquefois ſi ſinguliérement & ſi juſtement, qu'elle prouve un génie particulier dont le propre eſt de faire des découvertes dans la nature.

INTRIGUANT = Homme qui eſt obligé de parler beaucoup, de mentir ſouvent, de prévoir toujours, d'entretenir l'illuſion, & de s'avilir vingt fois par jour avec une connoiſſance profonde de ſon iniquité.

INTRODUIRE (S') = On s'introduit dans la confiance d'une personne, à-peu-près comme on se glisse lentement & par degrés dans tous les appartements d'une maison, avant que d'arriver au cabinet de la faveur. Les petits progrès sont comme les petits pas : ils alongent la route, mais ils assurent la marche.

IRONIE = Raillerie fine dont l'habitude est un vice, & dont l'abus est une lâcheté. Humilier toujours sans s'exposer jamais, n'est ni d'un homme de probité, ni d'un homme de courage.

IRRÉLIGION = L'athéisme est moins méprisable. L'un n'est qu'une erreur, l'autre est un vice, & quelquefois un crime par le motif.

IRRÉSISTIBLE = Il n'est réellement aucun penchant auquel on ne puisse résister ; mais ceux qui condamnent trop aisément la foiblesse qui cede à l'artifice, & ne louent pas assez la vertu qui résiste à la tentation, sont deux fautes.

J

JETON = Si tout homme en possédoit la valeur dans la société, le mépris des Grands & des riches seroit quelque chose de bien barbare dans sa généralité.

JEU = Amusement sérieux qui devient passion par l'avidité, & crime par la mauvaise foi.

JOUG = Le moins humiliant est celui que l'on supporte avec le plus de vertu.

JOUIR = État ou l'on doit craindre sans cesse de réfléchir.

JOURNALIER = Esprit inégal qui n'est pas toujours coupable envers la société qu'il offense, parce qu'il y a des défauts de l'esprit qui ne sont originairement que des incommodités de l'ame.

JUGER = Fonction de la Magistrature; habitude de la sottise, passion de la malignité, bien différentes dans leur principe;

principe ; trop ſouvent égales par leur effet.

JUSTICE = Celle des procédés n'eſt ni moins reſpectable, ni moins néceſſaire que celle des loix. Elle en eſt le ſupplément.

L

LABORIEUX = Lorſqu'il unit le génie à l'utilité, il a un droit inconteſtable à la reconnoiſſance du public. Rien ne le prouve mieux, peut-être, que les outrages qu'il en reçoit.

LABOUREUR = Homme qui acquiert tous les jours, par des bienfaits, le droit de comparer l'impertinent qui le mépriſe, à l'enfant qui bat ſa nourrice.

LABYRINTHE = Il en eſt où l'on ſe trouve quelquefois engagé par la raiſon. Il eſt d'autant plus difficile d'en ſortir, qu'on regrette ſa méthode.

LACHE = Homme qui peut n'être pas ſans honneur ; mais qui n'en mérite pas moins ce mépris de convention qui est un besoin de la société, & une loi de la noblesse. Le lâche deviendroit trop dangereux s'il pouvoit espérer de l'indulgence.

LAIDEUR = Qualité qu'on pourroit dire officieuse, car elle cherche assez souvent à se racheter par les attentions; & elle sert à faire valoir l'esprit.

LAQUAIS = Homme qui ne vend pas trop cher ses services, lorsqu'il ne les fait payer que de deux manieres.

LÉGÉRETÉ = Caractere qui amuse la société, en nuisant aux Particuliers; & qui, par-là, approche du vice, & excede le ridicule.

LÉGISLATEUR = Tous les ordres de l'État ont les leurs. Ce sont des têtes d'une égale trempe; il n'y a que les circonstances qui les distinguent.

LÉGITIME = Caractere des choses permises, qui n'autorise pas à se les permettre toutes ſans diſtinction. Le tribunal des ames ſenſibles a ſes loix particulieres ; & elles aſſujettiſſent quiconque a aſſez de délicateſſe, ou d'amour-propre pour ne pas ſe borner à éviter la critique, ou le mépris.

LIBELLE = Écrit qui déshonore néceſſairement deux perſonnes, quoiqu'on convienne qu'un libelle ne doit inſpirer aucune confiance. La malignité humaine ne permet pas de mépriſer ce qui peut nuire.

LIBÉRALITÉ = S'il pouvoit y avoir des vertus étrangeres au ſentiment & à la morale, la libéralité en feroit une : elle fait des heureux.

LIBERTÉ = Elle n'eſt pas l'indépendance ; & dès-lors il eſt impoſſible de la définir ſans entrevoir beaucoup d'illuſion, ou beaucoup de mauvaiſe foi dans les têtes dont elle nourrit l'orgueil.

LITTÉRATURE = Champ immenſe dont le génie eſt le propriétaire ; & dont les productions ſont ſans ceſſe expoſées aux inſultes de l'ennemi.

LOGIQUE = Art d'ennuyer, inventé dans les écoles, & perfectionné dans le monde.

LOUANGE = Elle eſt ſi intéreſſée, qu'en la payant fort cher, on doit être ſûr de faire un mécontent.

LUXE = C'eſt un plaiſir qui donne un teint brillant & frais, & qui mine le tempérament.

M

MAGNIFIQUE = Homme dont la paſſion eſt, de toutes, la moins intéreſſée.

MAÎTRE (PETIT-) = Lorſqu'il eſt ſot, il eſt bien mépriſable ; lorſqu'il eſt fat, il eſt bien dangereux. L'un a des aventures, & l'autre des ſuccès.

MAÎTRESSE = Meuble dont la propriété n'eſt jamais bien aſſurée, quoiqu'on la paie tous les jours.

MALIGNITÉ = Elle eſt ſouvent plus redoutable que la méchanceté, parce que le mal qu'elle cauſe n'eſt plaint de perſonne; & ne peut être que rarement guéri par la vengeance.

MARIAGE = État où l'on a des regrets plus triſtes que le repentir, parce qu'ils n'ont ni le mérite de la vertu, ni l'utilité de la réflexion.

MÉCHANT = Homme qui ne peut ajouter à l'horreur de ſon caractere que l'atrocité de paroître bon.

MÉCONNOISSANCE = Déſaveu inſultant de l'eſtime qu'on a témoignée, & de l'amitié qu'on a promiſe. Il ne manque à la violence de ce procédé que le reproche inſolent de la ſurpriſe qu'il cauſe.

MÉDECIN = Charlatan de mauvaiſe foi qui trompe par la forme & par le remede.

MÉDIOCRITÉ = Partage des gens les plus heureux, s'ils ſont contents de leur eſprit.

MÉDISANCE = Si l'on considere l'effet général qu'elle produit, le caractere horrible de la calomnie est bien adouci par la comparaison.

MÉLANCOLIE = Caractere des ames sensibles qui desirent avec trop peu d'espoir, réfléchissent avec trop de délicatesse, & voient avec trop peu d'illusion. Ce sont les ames les plus honnêtes, les plus faciles, les plus exposées, les plus séveres en sentiment, & les plus tranquilles dans la douleur.

MÉMOIRE = Elle est communément le partage de ceux qui ne pensent guere. Elle fait généralement plus d'effet & plus de plaisir que l'esprit, à qui elle est si inférieure, parce que le tribunal des personnes qui jugent des qualités, est presque tout composé d'esprits médiocres.

MENACE = L'honneur ne menace point : il est trop supérieur aux premiers mouvements.

MENSONGE = Il échappe au châtiment par l'habitude, & au mépris par le ſuccès.

MÉPRIS = Il ſert à la fortune de bien des gens. L'audace s'y accoutume, elle oſe tout & elle réuſſit. = Un être mépriſant eſt preſque toujours mépriſable : c'eſt le vice qui ſe cache ſous le maſque de l'inſolence. = Un injuſte mépris peut porter à tous les excès par un vertueux délire.

MÉRITE = Il ne ſuffit ni dans les hommes élevés, ni dans les hommes malheureux. Au premier rang, on ne s'en contente pas ; au dernier, on ne le diſtingue point.

MESURE = On ne meſure ni ſon amitié, ni ſa haine, parce que ce ſont des ſentiments libres. On meſure l'eſtime, parce qu'elle ne l'eſt pas.

MÉTAPHYSIQUE = Elle regne dans le diſcours ; elle diſparoît dans la conduite. Le vice n'eſt pas de plus mauvaiſe foi.

Microscope = Tant de petites qualités ſi récompenſées par l'empreſſement, & tant de petites fautes ſi ſévérement punies par le ridicule, autoriſent à croire que la ſociété eſt néceſſairement ſoumiſe à l'effet du microſcope.

Minaudiere = Femme qui rachete comme elle peut, une privation qu'elle ſent comme elle doit. C'eſt un parti déſeſpéré, & le mépris peut le ſuivre; mais que peut-il y avoir de pis que d'être ſans graces & ſans eſpoir?

Ministre = Médecin obligé de remédier à bien des maux ſans faire murmurer la nature.

Minois = Petit fonds qui produit un joli revenu, avec lequel on fait une dépenſe aſſez diſtinguée.

Minuit = Heure où ſe couchent, tous les jours, bien des gens qui n'ont pas mérité de dormir; & où ſe ſéparent

rent gaiement bien des personnes qui se sont détestées tout le jour, & se haïront toute la vie.

MIRMIDON = Homme dont la taille fut l'objet des rigueurs de la nature, mais qui a son dédommagement dans la maniere de mesurer & lui-même, & les autres.

MIROIR = L'amour-propre a les siens : & ils seroient les mieux inventés, peut-être, s'ils ne servoient qu'à lui ; mais l'orgueil s'y regarde souvent ; & la conséquence en est extrême.

MISANTHROPE = Espece de Philosophe nécessairement pédant, qui ne peut pas bien voir, parce qu'il ne sait pas excuser ; & qui comble le mal dont il murmure, parce qu'il donne un caractere odieux à la réflexion.

MISERE = État où les refus ne sont pas ce qu'on peut éprouver de plus humiliant, & où l'on est quelquefois forcé de s'exposer à une reconnoissſance plus horrible que le beſoin.

MODE = Loi dont l'objet varie ſouvent, & dont la force ne s'affoiblit jamais.

MODÉRATION = Qualité de l'ame, qui donne un grand avantage dans la conduite, & un grand crédit dans les affaires.

MODESTIE = Caractere de ſimplicité, qu'on ne peut imiter ſans beaucoup d'art, & qui peut être ſucceſſivement & alternativement dans la même perſonne, un moyen d'intéreſſer beaucoup, & un obſtacle à l'intérêt.

MŒURS = Il eſt preſque devenu ridicule d'en avoir, & dangereux d'en montrer. N'oſant pas encore les pourſuivre, on prend le parti de les mépriſer : ce mépris deviendra un ſentiment, après avoir été une mode ; il n'y aura plus d'eſpoir que pour le vice.

MOINE = Homme qui reçoit, apparemment tous les jours du Ciel la grace de ſe communiquer au monde par les bienfaits, ſans en reſſentir les paſſions.

MONARQUE = Image d'un Dieu ſur la terre, par la vertu plus que par l'autorité. La premiere idée que l'on ſe fait d'un Etre tout puiſſant, eſt celle de la perfection, parce que c'eſt elle qui le fait adorer. Ainſi tout Monarque qui ne ſe fait pas aimer, n'eſt Roi qu'à demi.

MONDE = Pour en former un tableau fidele, il faudroit pouvoir pénétrer dans les profondeurs les plus cachées. Combien de ſentiments particuliers reſtent dans le fond des ames! Tous les grands crimes n'ont pas été commis, mais le germe de tous exiſte.

MONOTONE = Les vicieux monotones ſont la lie des êtres.

MOQUEUR = Petit être incommode & commun, qui n'a pas l'eſprit d'être railleur, & le courage d'être impertinent.

MORALE = Science profonde qui

touche à la Religion par beaucoup de maximes, & à la chimere par beaucoup d'autres.

MORT = Le moment le plus marqué par la dépendance, puisqu'il est le plus soumis à la crainte.

MOUVOIR = On meut un petit caractere par de petits moyens, & dans de petites vues ; c'est une scene qui se passe entre deux sots.

MULTITUDE = C'est un être colossal qui a des fureurs sans passion, de l'enthousiasme sans sentiment, qui joue un grand rôle sans génie, & qui a des succès sans gloire.

MYSTÉRIEUX = Il faut beaucoup de vertu, & beaucoup de force d'esprit pour ne pas devenir faux, quand on est constamment mystérieux. Un homme ordinaire qui s'impose le mystere pour regle de conduite, expose son honneur, & menace l'humanité.

N

Nacelle = Lorsqu'elle est conduite par le génie, elle va plus loin que le navire conduit par un sot.

Nature = Elle a un avantage décidé sur l'art, en ce qu'elle est plus chere à la multitude; mais elle n'inspire que des goûts, & l'art obtient des suffrages.

Négociateur = Homme qui ne doit se montrer qu'à demi, sans laisser soupçonner qu'il se cache. Dès qu'il fait entrevoir de la finesse, ses fonctions sont finies : il est obligé d'obéir, ne pouvant plus tromper.

Noblesse = Elle a bien des dangers, bien des devoirs, bien des abus, dans son principe; elle équivaut aux meilleures inventions de la politique; mais sa conséquence n'est plus qu'un malheur, lorsque les mœurs sont corrompues.

O

Obéir = Action d'un esclave,

qu'on peut faire avec noblesse, & même avec liberté. Elle donne un caractere d'insolence & de foiblesse, quand elle entraîne le murmure; & alors elle marque l'avilissement.

OBLIGEANT = On peut l'être sans avoir aucune sensibilité, & même avec un caractere un peu dur. La reconnoissance n'en est pas moins indispensable. Les services ne peuvent légitimement remonter jusqu'à aucun principe, lorsqu'ils ont été demandés. Toute la liberté qu'ils laissent, est de se les rappeller avec peine, & de les reconnoître avec douleur.

OBLIQUITÉ = Invention de l'esprit corrompu par les passions; elle devient par l'habitude une allure naturelle, & par les succès un vice ingénieux.

OBSCÉNITÉ = Elle plaît à l'esprit qui est devenu bas, à force de se corrompre. Le vice ne la chérit pas toujours : il a ſa fierté, ſes bienſéances, ſa politique. Il n'y a que la nature abrutie, qui, trouvant tout cela trop gênant ou trop étranger à elle, ne conſerve des rapports qu'avec ce qui achevé de la dégrader.

OBSCURITÉ = Elle eſt l'aſyle de l'amour-propre dans le malheur, ou après le châtiment des fautes : dans ce dernier cas, elle devient avantageuſe à l'humanité. Le coupable qui ſe cache par honte, s'il n'avoit pas cette reſſource, deviendroit ſcélérat par déſeſpoir.

OFFENSE = L'honneur a tant de chimeres, & l'orgueil tant de prétentions, qu'une multitude d'hommes auroient toujours l'épée hors du fourreau, ſi le cœur étoit fait comme l'eſprit.

OPINION = Elle influe ſur les mœurs par les préjugés, & ſur la deſtinée par l'ignorance.

OPPRIMER = On opprime de toutes les manieres. Il y a des oppreſfeurs très-gais : ce font les grands Seigneurs.

OPULENCE = Elle accoutume les fens aux defirs, & l'efprit à l'audace ; on croit qu'on doit tout obtenir, quand on peut tout payer. Mais elle eft le bonheur même, lorfqu'elle fert à embellir les plaifirs honnêtes, & à foulager les deftinées malheureufes.

ORGUEIL = Ufurpateur barbare, exigeant tout, n'excufant rien, foupçonnant toujours, puniffant fans ceffe. Il ne veut voir que des efclaves, & ne prononce que des arrêts.

OSTENTATION = Elle rend miférable, après avoir rendu ridicule. Pour échapper à cette vérité, il faudroit mourir jeune, ou voir convertir en productions très-effectives, l'or que l'on feme dans les champs de l'ingratitude.

P

PARASITE = Homme qui achete par des baffeffes le droit d'entrer dans quelques

quelques maiſons : ce droit ne lui ſera pas conteſté, tant qu'il ſouffrira qu'on l'humilie.

PARDON = C'eſt une action qui expoſe le courage au ſoupçon, & qui éleve la vertu à la ſublimité. Elle n'eſt pas toujours auſſi raiſonnable que touchante : la réputation eſt un devoir.

PARJURE = *Je ne parierois pas, mais je jurerois.* Si quelqu'un avoit pu dire cela, ce ſeroit le dernier homme de la ſociété. Mais c'eſt une phraſe de l'eſprit.

PARLOIR = Lieu où l'eſprit de religion s'évapore, & où la malignité s'exprime.

PARNASSE = Lieu où l'on rêve avec eſprit, où l'on loue avec fineſſe, où l'on ment avec audace, & où l'on trouve parmi les fleurs, des ſerpents & des épines dont la piquure ſe fait ſentir toute la vie.

PARODIE = Ses fineſſes & ſes

applications sont mieux senties dans le grand monde, que par-tout ailleurs. C'est où l'on trouve les originaux, que sont les meilleurs juges.

PASSION = C'est un tourment que l'on ne plaint point, & un malheur qu'on ne craint pas. L'esprit prête beaucoup de regrets au cœur accablé de ses peines, ou agité par ses desirs; mais ce cœur ne voudroit pas devenir indifférent.

PATRIE = Ce mot ne signifie plus que le lieu de la naissance : autrefois il signifioit la passion de ce lieu.

PÉNÉTRATION = Qualité de l'esprit, qu'un très-honnête homme ne desire qu'avec beaucoup de modération, parce qu'il sait combien les penchants invitent à en abuser, & que sa premiere crainte est de devenir injuste.

PERFIDIE = Expression commune qui, en amour, prête infiniment à l'exagération des plaintes & à l'injustice des reproches. En amitié, la cause en est horrible, & la conséquence en est affreuse.

PERSONNAGE = Homme qui joue un rôle de héros avec une taille de nain, & dont le faux talent ne peut être intéressant que pour des sots, & applaudi que par des fripons.

PERSUADER = Le vice ne persuade pas : il séduit, il entraîne. Il faut la vertu, la vérité, le sentiment pour persuader. C'est un art si doux ! un art dont les effets sont si flatteurs ! Pourroit-il être un des plaisirs du cœur faux, ou de l'esprit malhonnête ?

PERTURBATEUR = Un homme à la mode, qui n'a ni probité, ni remords ; un homme d'esprit qui envie les talents, & les juge ; un jaloux qui soupçonne la vertu ; un *ami de la maison* qui donne de mauvais conseils en cachant de mauvais desseins, sont des perturbateurs. Malheureusement la loi les laisse libres, & le mépris leur est indifférent.

PERVERSITÉ = Elle est à l'ame ce que la gangrene est au corps; & pour comble de maux, loin de tuer ceux qui en sont affectés, elle entretient souvent leur existence.

PÉTULANCE = C'est une violence continuelle, qui le plus souvent a une vertu pour principe. Les vrais pétulants ont la droiture en partage.

PEUPLE = Souverain dans ses opinions & dans ses habitudes, esclave dans ses devoirs & dans ses travaux.

PHILOSOPHIE = Espece de charlatanerie dont les remedes alterent les bons tempéraments, & ruinent les mauvais.

PLAISIR = Image fidelle de l'éclair : en le faisant succéder par l'orage, il ne manquera rien à la comparaison.

POLICE = Elle est plus précieuse

que le code des Loix, & elle est peut-être plus difficile à faire.

POLITIQUE = Elle tient plus au talent qu'à la science.

POSTÉRITÉ = C'est la chimere qui s'éloigne le moins de la raison, & la passion qu'il faut le moins ravir aux hommes : cependant elle expose beaucoup de vertus au mépris, & beaucoup de devoirs à l'indifférence.

POUVOIR = C'est une arme instituée originairement pour la défense, & qui sert très-communément à l'attaque.

PRÉJUGÉ = Ceux qui abusent notre esprit, & ceux dont on abuse contre lui, forment un bataillon toujours armé contre le bonheur & contre la liberté. Il ne reste à l'homme, d'autre ressource que l'habitude de ses erreurs, & l'indifférence de ses maux.

PRÉTEXTE = Il est le besoin des esprits foibles, & l'art des esprits faux.

Il exige une tournure d'esprit & un jeu de physionomie, qu'on n'acquiert point sans une très grande disposition à l'imposture.

PRÉVENTION = Son origine, aussi ancienne que celle des idées, a produit successivement les besoins, les arts, la société, les Loix, les mœurs, les vertus, les vices, les crimes, les passions, les combats. Elle fut donc, & elle est encore la source des maux, des biens, des peines & des plaisirs.

PROBITÉ = Qualité qui réduit l'esprit à une si grande dépendance dans la conduite, qu'elle l'expose même à la manœuvre des sots. Elle est cependant nécessaire; mais elle doit avoir soin de s'éclairer sans cesse. C'est manquer involontairement de probité, que de donner lieu à des abus par des scrupules.

PROCUREUR = Animal vorace & féroce, renfermé dans le cercle d'une profeſſion, & qui ne fait conſéquemment que la moitié du mal dont il eſt capable.

PROJET = Jeu de haſard qui devroit être défendu. L'honnête homme s'y ruine; le frippon y ruine les autres.

PROTECTEUR = Homme qui n'eſt ſincere qu'avec le vice.

PUDEUR = Elle donne un charme à la beauté, & une phyſionomie à la vertu.

R

RAISON = Flambeau que le ſouffle des paſſions peut éteindre à chaque inſtant, & qui dans le temps le plus calme, ne donne jamais qu'une lumiere fort incertaine, qui coûte beaucoup à entretenir.

RAMPANT = Etre vil qui diſpute avec le ſerpent, d'indifférence pour le mépris, & de ruſe pour le ſuccès.

RANCUNE = Elle indique un eſprit foible & annonce un cœur méchant, en enveloppant très-souvent les maximes de l'honneur dans le ressentiment des offenses.

RAPPORT = C'est la sympathie rendue sensible à l'ame qui l'éprouve, par des mouvements intérieurs plus marqués que le goût.

RÉALITÉ = La délicatesse voudroit l'exclure de ses plaisirs ; la grossiéreté ne goûte des plaisirs que par elle. La raison se place entre ces deux extrêmités. Elle juge & desire ; elle épure & jouit.

RÉCONCILIATION = Lorsqu'elle n'a pas l'intérêt pour motif, ou la foiblesse pour principe, elle touche comme la générosité, instruit comme la raison, édifie comme la vertu.

RECONNOISSANCE = Quoiqu'elle ne soit point libre, elle triomphe cependant de la stérilité du devoir en créant mille moyens ingénieux de s'exprimer, qui lui donnent un air de liberté,

berté, & un caractere de nobleſſe.

RÉFLEXION = Elle afflige l'eſprit qu'elle inſtruit ; elle endurcit le cœur qu'elle éclaire.

REFUS = Lorſqu'il ne renferme pas une offenſe par le ton ou par le motif, il n'autoriſe que le regret ; mais l'homme placé entre l'ambition & l'orgueil, croit commander quand il deſire ; & un refus l'offenſe toujours.

RELIGION = Elle ne trompe point la confiance qu'elle inſpire. Y chercher des conſolations lorſque l'on a des peines, c'eſt puiſer à la ſource des prodiges. Elle change les deſtinées par le charme du ſentiment.

REMORDS = Il rétablit l'homme dans l'ordre moral ; ſouvent même il l'éleve d'un degré.

RESPECT = Le reſpect véritablement ſenti, eſt très-rare. Il y a donc beaucoup de baſſeſſe dans le monde ?

RESSENTIMENT = Le plus juſte

n'eſt guere ſupérieur à la foibleſſe, s'il s'exprime comme la colere.

RICHESSE = Illuſion qui ſe réaliſe par mille jouiſſances; réalité qui ſe diſſipe par mille chagrins.

RIDICULE = Il eſt peu de choſe en ſoi; il eſt beaucoup aux yeux des autres.

RIGUEUR = Celle d'une femme eſt un acte de liberté. La maxime contraire détruiroit le preſtige du don. Pour donner, il faut être libre.

ROMANESQUE = Ce ſont peut-être les eſprits les plus utiles. Leur folie ſert de ſupplément à la raiſon; & leur ardeur ranime de temps en temps, le foyer du ſentiment toujours prêt à s'éteindre.

RUPTURE = C'eſt une action que l'on doit faire ſans parler, & un mal dont on doit ſouffrir ſans ſe plaindre.

S

SAGESSE = Elle est un peu sévere & un peu triste. Heureusement elle est suivie assez généralement du plaisir secret de s'enorgueillir de ses sacrifices.

SATIÉTÉ = État où, lorsqu'on n'a point d'humeur, on peut faire d'excellentes plaisanteries, & donner de très-bonnes leçons.

SATYRE = Elle triomphera toujours plus comme vice, que comme talent. Les plaisirs de l'esprit ne sont ni aussi vifs, ni aussi généraux que ceux de la malignité.

SCANDALE = Il y a un scandale de fait, & un scandale de forme; l'un fait supposer un reste de mœurs; l'autre en annonce la perte totale.

SCÉLÉRATS = Peu d'hommes doivent autant à la nature que certains scélérats; elle les destinoit à avoir de grandes vertus : ils ont trahi ses vœux.

SCRUPULE = Il est de toutes les apparences, la plus trompeuse. On lui donne pour origine, le rigorisme des mœurs, ou la perfection des sentiments. Ce n'est communément que la petitesse de l'esprit, unie à la froideur de l'ame.

SECOURS = La plupart ressemblent aux ruses de la guerre. C'est le vice qui manœuvre pour triompher de la vertu.

SÉDUCTION = C'est un état que le sot ne peut pas définir, que le malhonnête homme ne peut pas connoître, & que le sage éclairé n'ose pas condamner.

SENSIBILITÉ = Elle n'a besoin ni de parler, ni d'agir, ni de se plaindre, ni de remercier, dans quelque cas que ce soit. On devine son silence.

SENSUEL = Homme qui épuise ses sens dans de petites jouissances; & dont l'ame ne peut jamais s'élever jusqu'a la sphere des grands plaisirs.

SENTENCE = Celle de l'esprit & celle de la loi ne different d'autorité, que lorsque les mœurs, absolument perdues, bornent l'exercice de la raison au châtiment des crimes.

SERVICE = Obtenir des services & en rendre, est un commerce ; mais, à prendre les choses dans le sens moral, ce commerce ruine plus de gens qu'il n'en enrichit.

SERVITUDE = Elle est attachée à tous les états par les passions ; & elle est dans tous les cœurs par les vices.

SEXE = Il est l'image des saisons ; il en a l'influence.

SIFFLET = Il sert à tromper l'esprit, autant qu'à l'humilier ; car il est bien souvent dans la main des sots.

SILENCE = Celui du sentiment & de la douleur dit souvent plus que l'éloquence de l'esprit ; mais il faut un sens particulier pour l'entendre : la multitude en est privée, & ne connoît pas son malheur.

SINCÉRITÉ = En devenant tous les jours plus rare, elle sauve des crimes à l'humanité, qui ne cesseroit d'en abuser; elle nous oblige encore en nous quittant.

SOCIÉTÉ = C'est un grand vaisseau qui menace ruine, & dont l'architecture pompeuse & brillante se conserve assez bien.

SOLITUDE = Elle remplit de près les promesses qu'elle a faites de loin, lorsqu'on y porte une ame devenue honnête, & un esprit désabusé; mais elle fait éprouver toutes les impostures de l'optique, lorsqu'on ne s'est vu soi-même qu'à travers ce verre trompeur.

SOUPÇON = Il faut être sans expérience pour le condamner, & sans amour-propre pour le souffrir.

SUBTILITÉ = L'homme subtil ne croit pas être un mal-honnête homme, un fourbe; il eſt quelque choſe de pis, puiſqu'il échappe par ſon art, à la rigueur des Loix.

SUPPLANTER = C'eſt la derniere maniere de prouver la férocité de l'ambition, l'audace de l'intrigue & l'inſuffiſance des Loix.

SYSTEME = Joignez-y de l'audace & de l'opiniâtreté, fût-il très-fou, il réuſſira mieux qu'une opinion ſimple produite avec modeſtie. L'eſprit de l'homme veut être ſubjugué.

T

TALENT = Il doit un ſi cruel tribut à l'ignorance & à l'envie, qu'il n'y a que les exemples qui frappent tous les jours, qui rendent croyable la fureur que l'on a de vouloir être applaudi.

TÉMÉRITÉ = C'eſt un de ces moyens de réuſſir qui ſont preſque toujours certains, parce qu'ils paroiſſent toujours nouveaux. Quoique l'homme soit capable de tout, il ne peut guere imaginer l'homme capable de certaines choses.

THÉATRE = Celui où l'on joue les pieces les plus intéressantes, c'est la Cour; il est également celui où l'on voit les meilleurs Acteurs, & les plus mauvais Histrions.

TITRE = Invention du Gouvernement, pour donner une valeur aux especes.

TON = On peut donner le ton, quoiqu'on ait la voix fausse. Avec un peu d'art, on engage les gens à chanter; & avec un peu de résolution, on les fait chanter malgré eux.

TRANSPORT = Il est la preuve la plus sûre du goût, & la plus incertaine de l'amour.

TRAVAIL = Comme devoir, ou comme vertu, il n'honore pas assez.

TRAVERS = Avant qu'ils fussent plus communs, ils balançoient les talents

talents, par le succès. La multiplicité leur a fait plus de tort que la raison.

TRIBUT = Il caractérise l'esclavage; mais beaucoup d'esclaves s'honorent de leurs fers.

U

USAGE = Beaucoup de Loix ont moins de pouvoir, & beaucoup d'engagements moins d'attraits. Cela prouve une raison bien perfectionnée.

USURE = Les passions ont la leur: elles la supportent, & l'exigent tour-à-tour. Il n'y a point d'équilibre plus parfait.

VALET = Il y en a de deux sortes: la premiere est méprisée; la seconde méprise.

VAUDEVILLE = C'est l'art de donner de la gaieté à la médisance, & de l'autorité à la calomnie.

VÉGÉTER = C'est exister entre le néant & la vie, pour y être, souvent, indifférent avec orgueil, & inutile avec prétention.

VÉNALITÉ = Lorsque le principe des vertus est détruit, la vénalité devient nécessaire.

VENGEANCE = Elle tient du héroïsme, lorsqu'elle est inspirée par l'honneur, & qu'elle expose à des dangers.

VÉRITÉ = Le devoir de ne la trahir jamais, n'est pas une raison pour la dire toujours; il est des circonstances où l'on doit se défier de l'honneur même, avant de la prononcer.

VERTU = Elle a plus d'empire que la raison sur celui qu'elle gouverne, parce qu'elle promet une récompense plus douce dans le suffrage de l'amour-propre.

VICE = Il n'a plus à craindre que la déclamation, car il a vaincu le mépris.

VICISSITUDE = Elle a beau

prouver que la possession est un songe, les desirs n'en sont pas plus subordonnés à la raison; l'amour-propre est trop intéressé à entretenir leur erreur.

VIEILLESSE = Après avoir été long-temps honorée, elle ne peut plus éprouver que des outrages. Lorsque les mœurs se corrompent, ce sont les plus sages principes qui occasionnent les plus grandes révolutions.

VIGILANCE = Elle est utile, mais elle est dangereuse; elle peut blesser l'amour-propre, & refroidir le zele. Il faut laisser quelquefois à l'homme la liberté de ses mouvements, & le plaisir de s'honorer de sa conduite.

VOLAGE = C'est un amant qui supplée aux qualités par des agréments, & à la rupture par l'inconstance.

VOLUPTÉ = Elle naît des combinaisons les plus parfaites & des rapports les plus doux; mais l'art de la ſixer eſt encore inconnu : c'eſt la recherche de la pierre philoſophale rapportée aux ſens.

Z

ZIZANIE = C'eſt l'art de faire battre des troupes ſans s'expoſer aux coups ; & d'établir des impôts ſans l'autorité des Loix.

FIN.

TABLE GÉNÉRALE

Des Articles contenus dans ce Dictionnaire, par ordre alphabétique.

A

D

R

Fin de la Table.

www.ingramcontent.com/pod-product-compliance
Ingram Content Group UK Ltd.
Pitfield, Milton Keynes, MK11 3LW, UK
UKHW022113260726
13993UKWH00001B/487

9 782329 103051